JN197426

Japanese Labels & Packages

モダン図案

明治・大正・昭和のコスメチックデザイン

編：佐野 宏明

光村推古書院

はじめに

幕末の開国から始まった文明開化は、西洋から日本に多くのものをもたらした。人々は、今まで見たこともない舶来品に驚き、憧れ、羨望し、自らの生活レベルの向上のため、近代化に奔走した。政府は殖産興業の旗印のもと、西洋の技術を導入し、石鹸、ビール、生糸など、消費製品の国産化を躍起になって進め西洋諸国に追いつこうとした。

民間分野でも、明治時代は多くの開拓者達を生んだ。石鹸の堤磯右衛門、長瀬富郎、歯磨の福原有信、小林富次郎、化粧品の平尾賛平、桃谷政次郎、中山太一など、枚挙に暇がない。彼らは、口を揃えて言う。「舶来品に国内市場を席巻されるのは面白くない。対抗できるような、高品質の国産品を開発したい」その血のにじむような努力の結果、多くの魅力あふれる商品が誕生した。

それら商品がまとう意匠も、舶来品の模倣では味気ない。かといって、江戸から続く伝統的な浮世絵デザインのままでは、商品の先進性、斬新さが伝わらない。そこで編み出されたのが和洋折衷様式である。海外からのデザイン様式をベースにうまく日本風にアレンジする。そこには、伝統的な縦書き文化から横書きへの変革、和紙から洋紙への転換など、越えるべきハードルも多かったと思われるが、試行錯誤を重ね見事な意匠が多く残されている。

日本に入ってきた西洋様式の代表は、明治前半はビクトリア様式、明治後半はアールヌーボー、大正時代はアールデコである。陶磁器の包み紙として欧州に流出した浮世絵などが、ジャポニズムとして西洋美術に影響を与え、それがアールヌーボーとして日本に帰ってくる。日本のDNAが元々盛り込まれているので日本文化との親和性も高い。

さて、タイトル「モダン図案」である。デザインの世界をいつからモダンと呼ぶかは諸説あると思うが、本書では、明治以降、舶来品の影響を受け西洋様式を日本風に昇華したデザインをそう呼びたい。本編では、イメージが重要視されたトイレタリーや化粧品のパッケージデザインを中心に紹介する。

その分野で明治後半から昭和初期にかけて、特にメジャーな化粧品ブランドを上げると、クラブ、レート、桃谷、御園であろう。パッケージデザインもそれらの企業が先導していったと言える。本書では、クラブ、レート、桃谷の三社に関して、特に章を立てて「パッケージ大全」として、可能な限りの資料を網羅した。それを俯瞰することは、化粧品界の商業デザイン史を辿ることでもある。

戦後（昭和20年以降）も、モダンデザインは続く。より洗練され、合理的なデザインへと進化するのではあるが、筆者はあまり好きになれない。初期のモダンデザインが良いのである。過剰に凝りすぎた、色彩豊かな、時には少しぎこちない、魂あふれる図案が好きである。

ともあれ、華やかりし、心うきうきするような、モダン図案の世界を堪能あれ。

図版下のキャプションについては以下の項目を表記

①商品名又は資料名／②製造者又は発売元／③寸法／④所有者

③寸法は、以下のルールで明記

・立体物　縦×横×奥行mm

・平面物　縦×横mm

・適宜　Φ径、H高さ、L長さ　を使用

④資料の所有者（ご厚意により掲載協力を賜りました）

MO：株式会社桃谷順天館

CL：株式会社クラブコスメチックス

NB：のばら珈琲　菊川由子氏

JK：和ガラスミュージアムJ＆K　山本邦夫氏、純子氏

NA：「lastwaltz 1976」氏

YM：匿名

ST：齋卓史氏

無し：筆者所有

協力

桃谷順天館　コミュニケーション戦略本部
クラブコスメチックス　文化資料室

資生堂企業資料館
花王ミュージアム・資料室
ライオン株式会社

第1章

石　鹸

石鹸は、スペインやポルトガルから南蛮貿易によって日本に伝えられた。しかし、当時の石鹸「シャボン」は、非常に貴重品であり、江戸時代には一般に使用される事はほとんどなかった。一方、「石鹸」という言葉は、中国から伝わったもので、本来は、灰汁を麦粉で固めたものを意味し、胃腸薬や洗濯などに使用されていた。「シャボン」と「石鹸」が渡来したのが同時期だったので、混同して用いられ、結局、シャボン＝石鹸として認識されるようになったようである。石鹸が、広く一般に広がるようになるのは、幕末から明治にかけて舶来品が輸入されるようになってからである。

日本において、石鹸製造に最初に取り組んだのは、明治5年（1872）、京都舎密局（せいみきょく）である。舎密局というのは、政府が化学の教育と研究、工業生産の実現のために設置した官営機関であり、明治2年（1869）に大阪、明治3年（1870）に京都にそれぞれ設立された。舎密とは、蘭語で化学を表すCHEMIEに漢字を当てはめたものである。

民間でも以下に記す先駆者たちが出てきて、長崎、神戸、大阪、東京など、全国に石鹸製造所が造られ、明治13年（1880）には、国内消費の65%を賄うまでとなった。

・戮盟社（りくめいしゃ）（東京）　明治3年創業。石鹸製造は、赤松則強が明治6、7年頃に成功。
・又新社（長崎）　品川貞五郎が明治5年に創業。アメリカ人宣教師に習い石鹸製造に成功。
・堤石鹸製造所（横浜）　堤磯右衛門が明治6年に創業。明治前半で最も有力な企業。（後述）
・鳴春社（東京）　堀江小十郎が明治9年に創業。ライオンの創業者、小林富次郎もこの社で学ぶ。
・春元石鹸製造所（大阪）　春元重助が明治4年より石鹸製造の研究開始。明治12年に製造所を創設。

他にも、江水舎（東京）、鳴行舎（神戸）、コッキング商会（横浜）、東京石鹸試験所などが記録に残されている。ただし、上記の各社の創業年代などについては、明確でない部分も多い。

【堤石鹸】

日本において本格的な石鹸製造に初めて成功するのは、横浜の堤磯右衛門である。彼は、横須賀製鉄所で工事監督をしていた時、フランス人技師ボエルから石鹸の製造法を学び、悪戦苦闘の末、明治6年（1873）に洗濯用石鹸づくりに成功した。翌年には化粧石鹸も開発した。当初の品質は舶来品に到底及ばなかったが、試行錯誤を重ね品質の向上を果たし、明治10年（1877）の第一回内国勧業博覧会では品位良好と評され、花紋賞を受賞するまでになった。

トイレットソープ／堤石鹸製造所／98×168

石鹸製造所堤磯右エ門のちらし／100×186

ハニーソープ／堤石鹸製造所／78×128

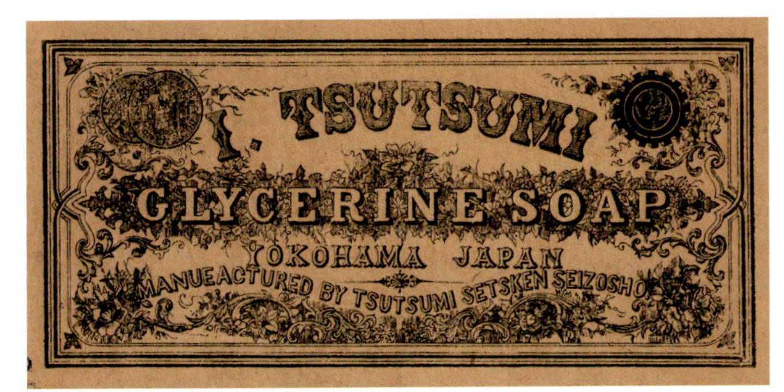

グリセリンソープ／堤石鹸製造所／90×176

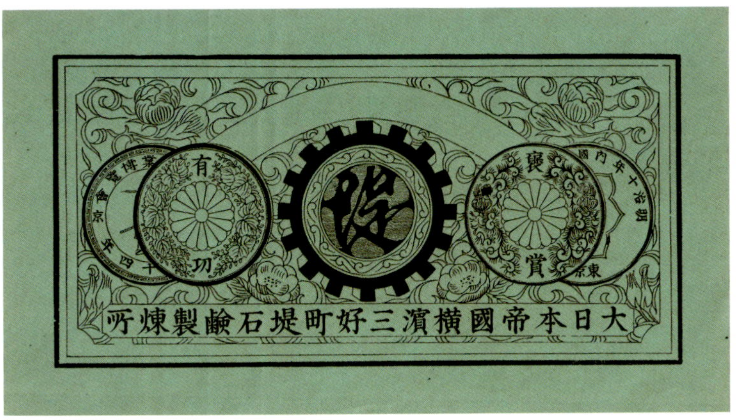

堤石鹸精煉所ラベル／106×188

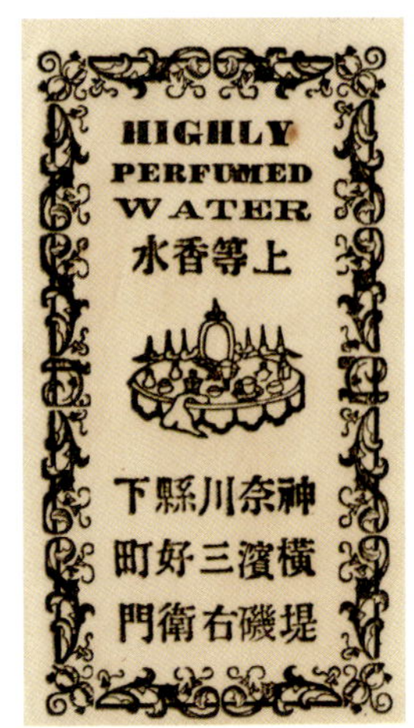

上等香水／堤石鹸製造所／63×36

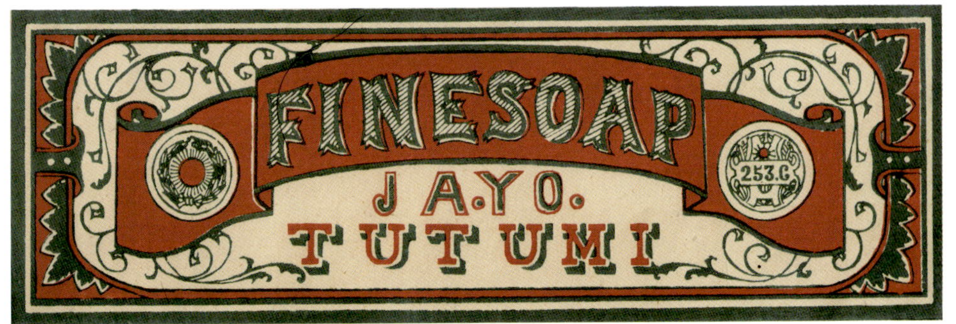

ファインソープ／堤石鹸製造所／82×238

【堤石鹸のラベル】

堤石鹸は商品に貼るラベルのデザインにも力を入れた事で知られている。舶来石鹸の非常に装飾的なビクトリアンデザインを模したものや、それに日本的なテーストを加えたもの、また一方、日本の古来の浮世絵的イメージのものなどが残されている。

明治20年代は、開化以来の舶来至上主義からの反動として、国粋主義が芽生えた時期でもあり、パッケージの図柄も、洋風から和風に回帰したと思われる。

その後、堤石鹸製造所は後継者がいなかったため、明治26年（1893）に廃業となる。

トイレットソープ／堤石鹸製造所／89×158

新型石鹸／堤石鹸製造所／187×66

トイレットソープ／堤石鹸製造所／83×151

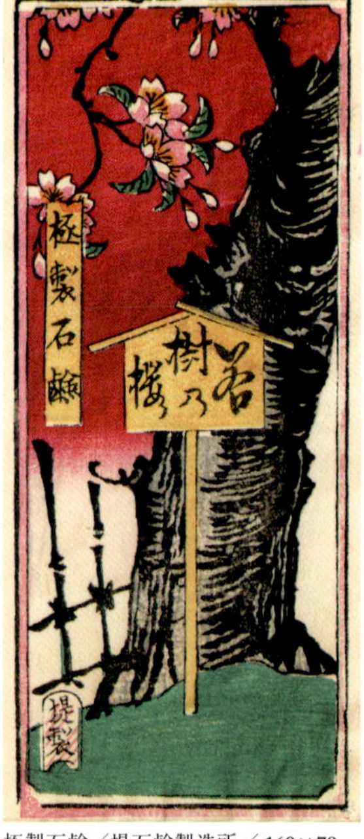

極製石鹸／堤石鹸製造所／168×79

香入しゃぼん／堤石鹸製造所／128×73

極上石鹸／堤石鹸製造所／188×91

吉野石鹸／82×58×37　　博愛石鹸／東海石鹸／120×87×40　　月世界／89×63×48

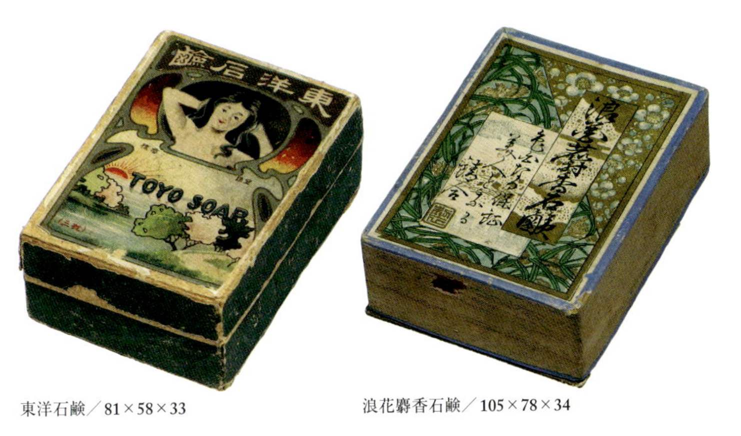

東洋石鹸／81×58×33　　浪花麝香石鹸／105×78×34

浪花麝香石鹸の蓋の裏側には、欧風のラベルが貼られている。
表の和風ラベルに対し対照的である。舶来と国粋が混沌としていた時代のものであろう。

日光石鹸／イイダ／76×54

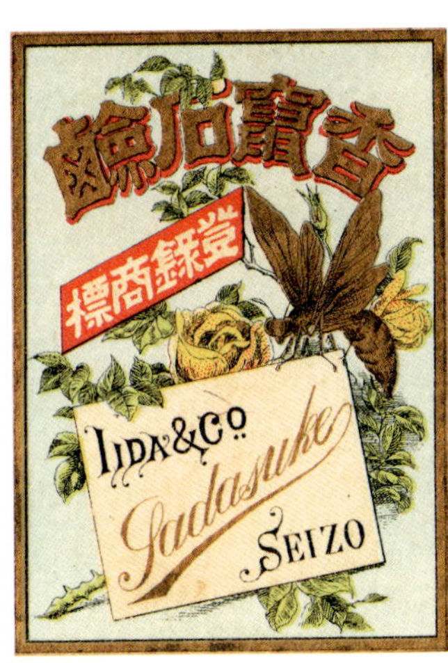

香寶（こうざん）石鹸／イイダ／76×54

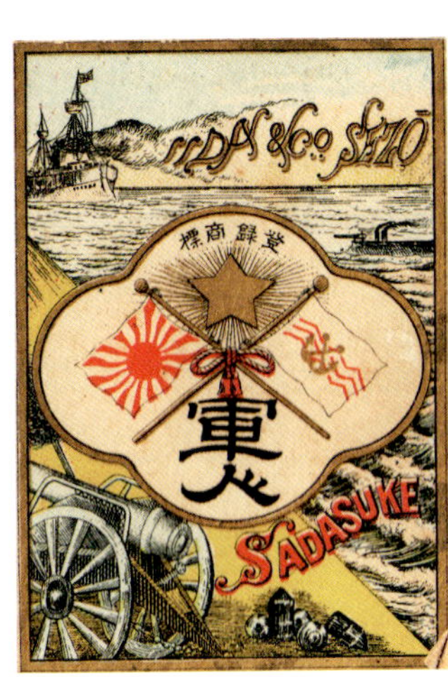

軍人石鹸／イイダ／76×54

【明治の石鹸企業】

「花王石鹸の社史」や「油脂工業史」など、石鹸の歴史について述べられた書によると、明治期の石鹸企業は、大きく三期のグループに分けて論じられる場合が多い。

第一期は、明治初期に日本の石鹸産業を開拓した企業である。本書では、6ページに紹介している、堤石鹸製造所を始めとする先駆者達で、士族出身の創業者が多い。

第二期は、明治二十年前後に、製造技術と経営を独自に学びながら起業した企業で、西条石鹸工場、相場帝国社、安永舎、吉村石鹸工場等である、ともに東京である。（安永舎については後述）

第三のグループは、明治二十年代から明治後半にかけて創業した問屋制資本の企業であり、今日まで続く有力石鹸メーカーが多い。花王の長瀬商店、ミツワの下請となる芳誠舎、後に資生堂と合併する若山太陽堂、牛乳石鹸の共進社、ライオンの小林富次郎商店、ミヨシ石鹸となる三木石鹸工業所などである。

地球石鹸／82×162×42／NA

麝香石鹸／187×86×52

人氣石鹸／大阪由利支店／159×80×37

美人石鹸／清水開花堂／184×95×39

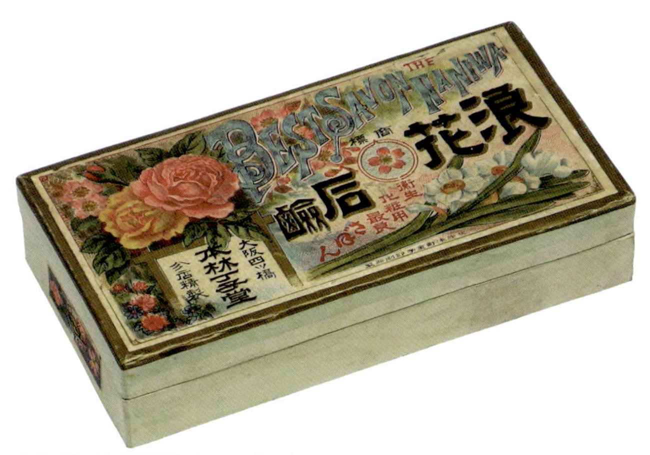

浪速石鹸／本林丁子堂／85×165×35

豊年石鹸／166×79

吉野石鹸／78×159×37

玉菊／脇田盛眞堂／184×82

松澤ホーサン石鹸／松澤常吉／81×164×32

【花王石鹸】

岐阜出身の長瀬富郎は、上京し、明治20年（1887）に長瀬商店を開業した。当初、石鹸や文具の卸問屋をしていたが、扱う商品の品質に満足できず、自ら石鹸の製造販売に乗り出した。その第一号として、明治23年（1890）に発売したのが、洗顔用「花王石鹸」である。商品化には、石鹸職人村田亀太郎と薬剤師瀬戸末吉の協力を得た。商品名については、当初「香王」であったが、広告用文字を依頼した漢詩人の永坂石埭（せきたい）のアドバイスもあり、読み易い「花王」に改められた。桐箱に収められたその商品は、当時非常に高価なものであったが、舶来品に劣らぬ品質の良さが評判を呼び、ヒット商品となった。三日月印のトレードマークも、富郎本人が考案したものである。長瀬商店で扱っていた輸入鉛筆のマークを参考にしたとされる。

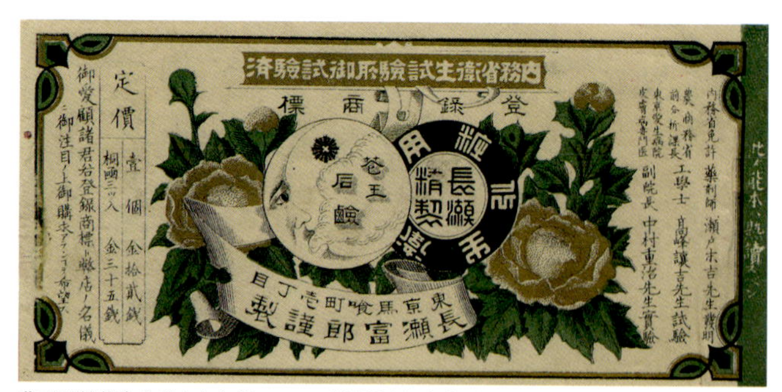

花王石鹸能書を兼ねた包装ラベル／長瀬富郎商店／70×145

花王石鹸／大日本東京長瀬商會／168×160×70

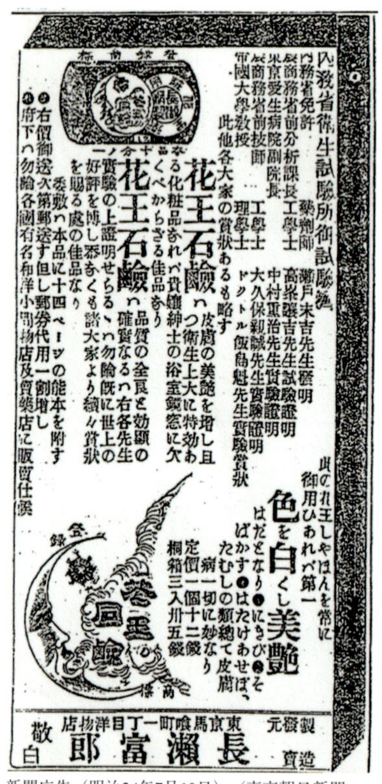

新聞広告（明治24年7月10日）／東京朝日新聞

花王石鹸／花王石鹸（株）長瀬商會／116×232×36

KIRIN SOAP ／長瀬商會／ 80×154×56

明治29年（1896）の須崎工場、明治35年（1902）の請地工場の操業開始に伴い、商品の拡充も図られた。石鹸類では以下のとおりである。

明治36年　月星洗濯石鹸、旅行石鹸
明治37年　キリン石鹸
明治39年　キリンムスク石鹸、月星ホーサン石鹸
明治40年　新月石鹸

他にも、銘柄物ではなく番号で注文を受け付けた「番号物」という石鹸も数十種あったようである。

花王石鹸（金属容器）／ 57×80×32

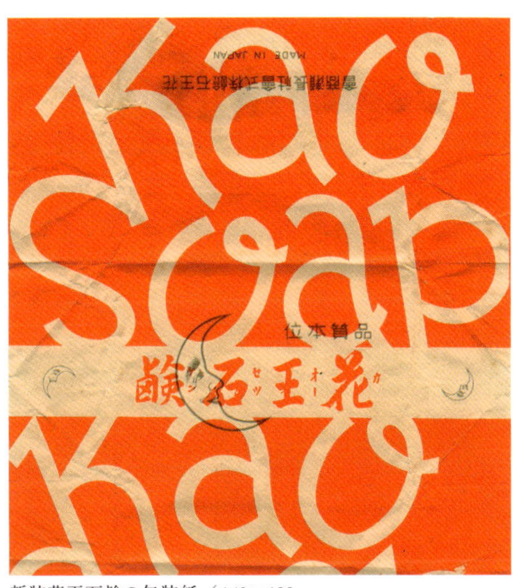

新装花王石鹸の包装紙／ 140×132

花王石鹸（セルロイドケース）／ 58×86×29

【新装花王石鹸】

昭和6年（1931）には、廉価で新時代のニーズに合った「新装花王石鹸」が発売された。それに先立ち、包装デザインを選ぶ試作コンクールが開催され、一流デザイナーの中から選ばれたのは、当時、新進の原弘の作品であった。オレンジ・バーミリオンの下地に白抜き文字で「Kao Soap」と描かれた斬新なデザインは、過去のイメージを一新するものであった。広告ＰＲや低価格戦略等も効果的に働き、新装石鹸はたちまち普及した。

新聞広告（昭和7年1月12日）／東京朝日新聞

【大阪 野村外吉】

菊花のデザインが印象的な、「都の花石鹸」のパッケージは、今でも骨董市などで時々お目にかかるが、製造者の野村外吉に関する記録は少ない。明治42年（1909）発行された「成功亀鑑」という、明治時代の成功者の経歴や歩みを集めた本に、野村外吉に関する記述を見つけたので、以下に要約する。
氏は越前福井に明治元年（1868）の生まれで、幼い時から頭角を現し、弱冠13歳で大阪の文具屋に奉公した。しかし、そこが火災に遭い、その後独立して化粧品の商売を始め、奮闘の結果、明治32年（1899）には、大阪久宝寺町に店を構えるまでになった。
これより前、氏は石鹸が舶来品に依存しており、国産もあるが品質が劣っている状況を憂慮し、少しでも輸入を減らすべく、品質の良い国産石鹸を苦心の末、創出した。それを「都の花石鹸」と命名し売り出すと好評を博し、その名は誰もが知ることとなった。しかし前途の望を抱きながらも、明治40年（1907）に没し、事業は同じ福井出身の西股利三郎に引き継がれた。

薬王石鹸のポスター／野村外吉／546×390

都の花石鹸／野村／82×57×36

都の花石鹸／野村／81×56×35

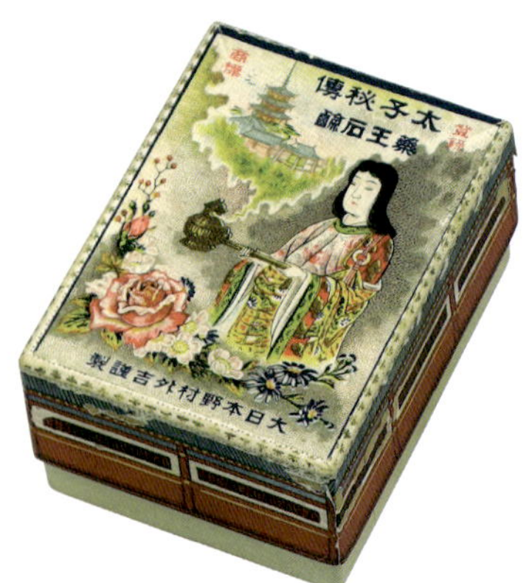

薬王石鹸／野村外吉／86×64×44

裏面に貼られた商品ラベル

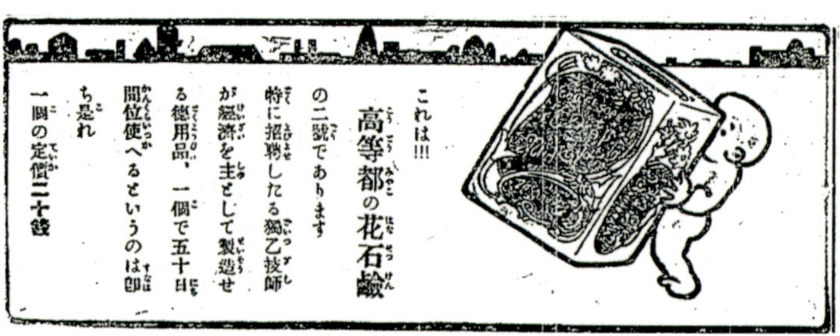
これは!!!
高等都の花石鹸
の二號であります
特に招聘したる獨乙技師
が經濟を主として製造せ
る徳用品、一個で五十日
間位使へるというのは卽
ち是れ
一個の定價二十錢

新聞広告（明治44年9月28日）／東京朝日新聞

都の花石鹸／大阪野村／90×179×39

都の花石鹸／大阪野村／180×86×36

SAVON TOILETTE ROYAL ／春元重助／90×182×50

FINEST HORSE MAN TOILET SOAP ／春元石鹸製造所／88×122×39

SAVON DE TOILETTE ／春元重助／88×178×48

【大阪 春元石鹸】

春元重助は石鹸国産化の黎明期から活躍した人物である。嘉永2年（1849）に大阪の生まれで、薬種石鹸商の父親重兵衛の家督を明治10年（1877）に継ぎ、さらに家業を発展させた。その前、明治4年（1871）には石鹸製造の研究を始め、明治12年（1879）には石鹸製造所を創設した。後には、大阪油脂合資會社を設立するなど、大阪の商業界に果たした業績は大きい。
左掲のアールヌーボー調のパッケージは明治後期と物と思われるが、舶来品と見紛うほどの出来である。

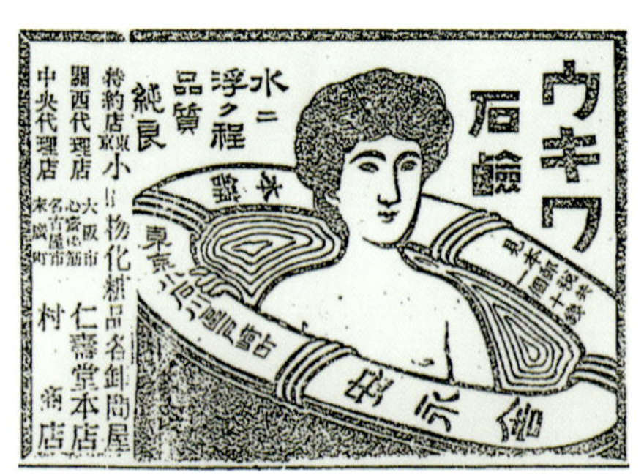

新聞広告（明治41年5月19日）／東京朝日新聞

ライオン／由利商店（製造、安永舎）／77×172

江戸ッ子／東京安永舎／169×85

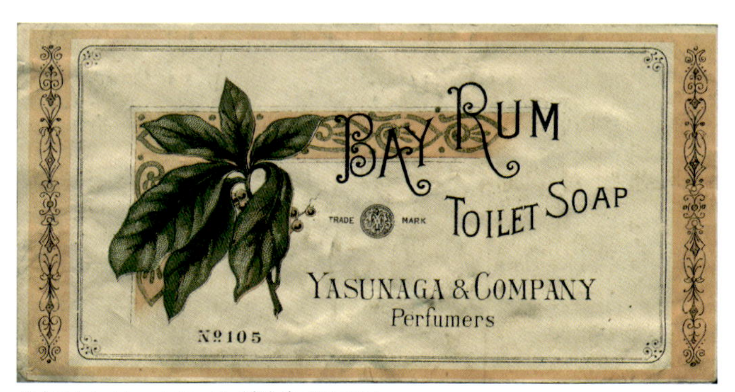

ベイラムトイレットソープ／安永舎／89×173

つばめ印麝香入石鹸（明治31年）／安永舎／83×172

【安永舎（やすながしゃ）】

明治22年（1889）に安永鉄造により創設された「安永舎」は、明治から大正にかけての有力石鹸メーカーであった。明治初期から石鹸製造を始めた「戮盟社」が、明治9年（1876）に「牛込舎」と改称されるが、その牛込舎の経営を引き継いで、事業を発展させたのが安永舎である。主に化粧石鹸を生産しており、数々の銘柄を発売している。自社銘柄だけでなく製造請負も多い。中でもウキワ石鹸、ラベル石鹸などが著名で、ラベル石鹸は宮内省御用達にもなった。また、国内で粉末石鹸を始めて販売したのも同社とされる。

本書で紹介している安永舎のラベルは、本ページ以外にも、SAVON（21P）、兎月石鹸（22P）、ヒーロー（33P）などがある。

福暦／134×89

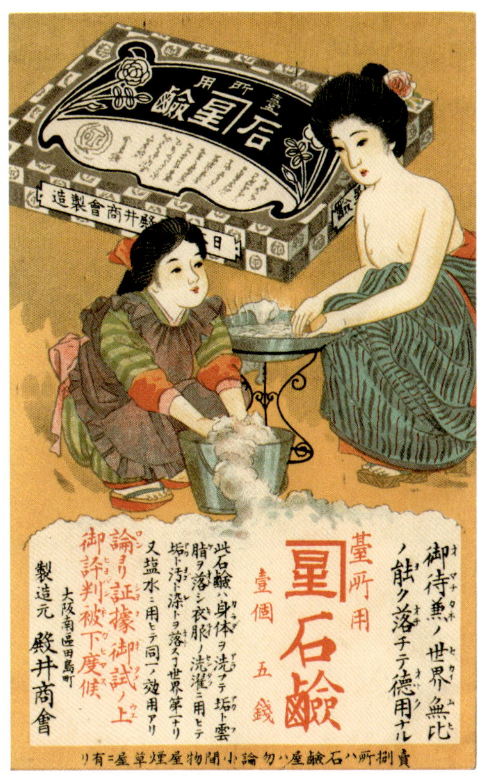

星石鹸の絵葉書／殿井商會／142×91

花美人石鹸／77×158

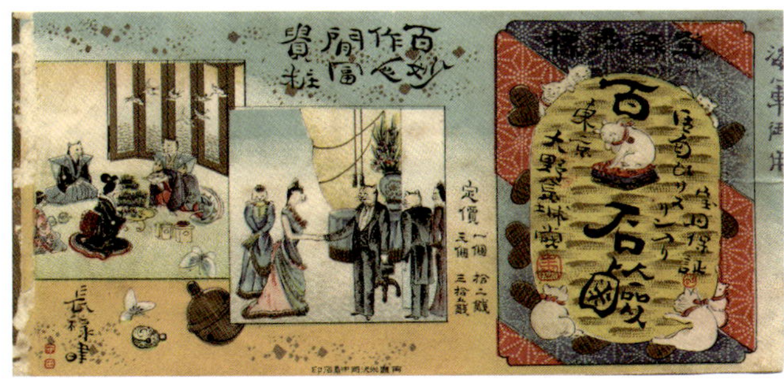

百猫石鹸／東京大野／72×154

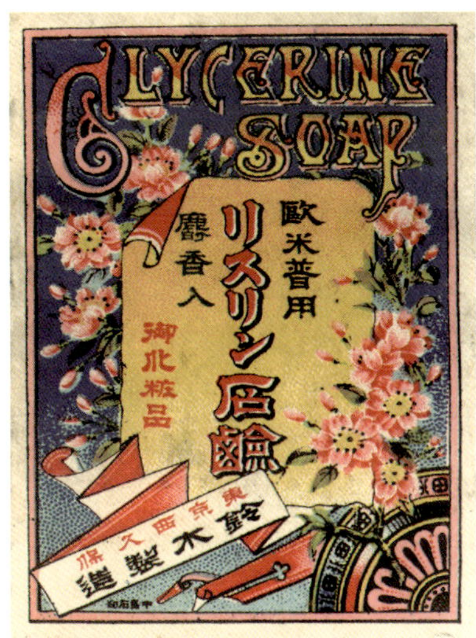

リスリン石鹸／東京鈴木／74×56

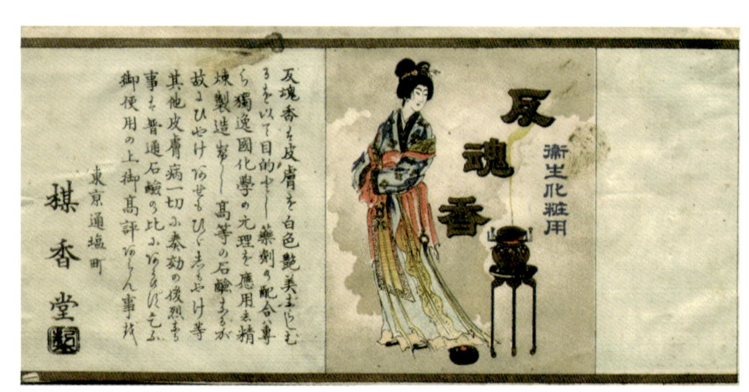

反魂香／楳香堂／77×157

古花石鹸／71×54

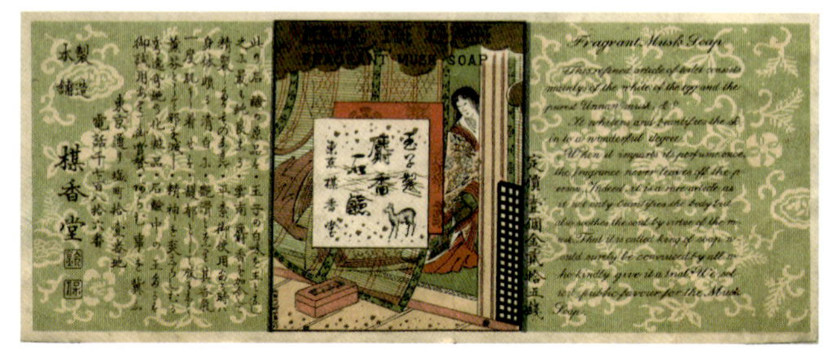

玉子製麝香石鹸／楳香堂／64×155

壽美だの花／堀井長兵衛／68×155

石鹸の包装紙の図案には、女性がモチーフとして使われる場合も多い。明治時代のそれは、日本髪の女性である。装飾用の花も、菊や牡丹など日本風である。当時の商品の特長として、洗顔後につっぱり感の出ない保湿効果を持つリスリン（グリセリン）が含有されたものや、芳香のため麝香（ムスク）を配合したものが多く、商品名にも反映されている。

日本娘／大野金城堂／82×172

歌舞伎石鹸／澤井／72×161

延命石鹸／84×63

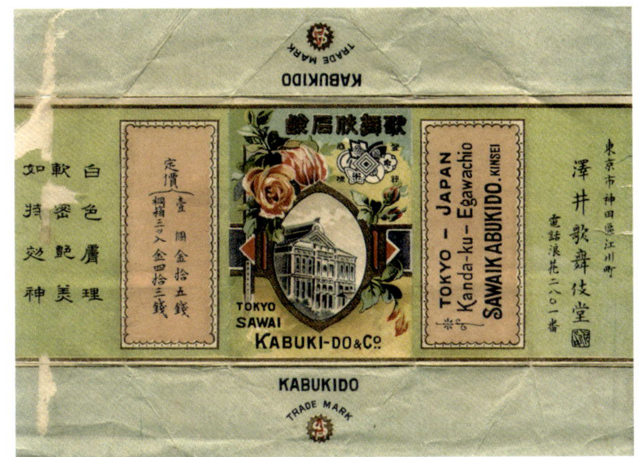

歌舞伎石鹸／澤井歌舞伎堂／126×175

菊星石鹸／澤井歌舞伎堂／135×150×33

正直石鹸／佐々木玄兵衛／36×76

【佐々木玄兵衛】

佐々木玄兵衛商店は長瀬商店と同時期に躍進した有力店である。明治23年（1890）に発売した「三能しゃぼん」は、長瀬の「花王石鹸」とともに好評を博した。明治24年（1891）9月の東京朝日新聞では、当時流行している石鹸として両者を上げ、小間物店や薬種店で盛んに売り捌かれていると紹介している。

その後、「麝香しゃぼん」や「リスリン石鹸」などを発売、上掲ラベルの「正直石鹸」は明治28年（1895）より発売されたものと思われる。

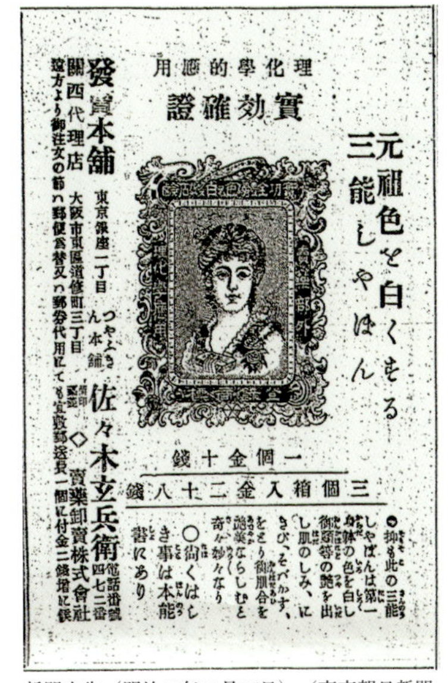

新聞広告（明治28年10月25日）／東京朝日新聞

ベストソープ／78×170

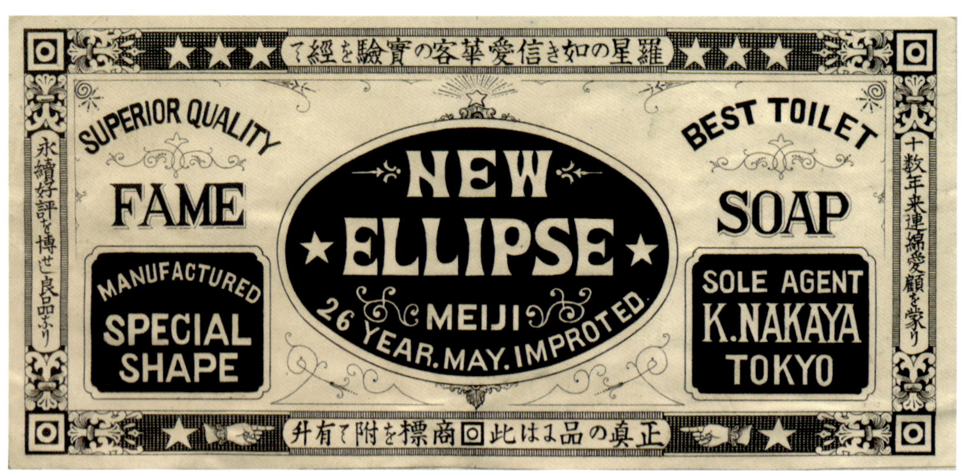

ニューエリプス／ナカタ／81×173

トイレットソープ／76×154

SAVON／安永舎／82×166

SAVON DE TOILET／86×158

BEST SAVON／82×138

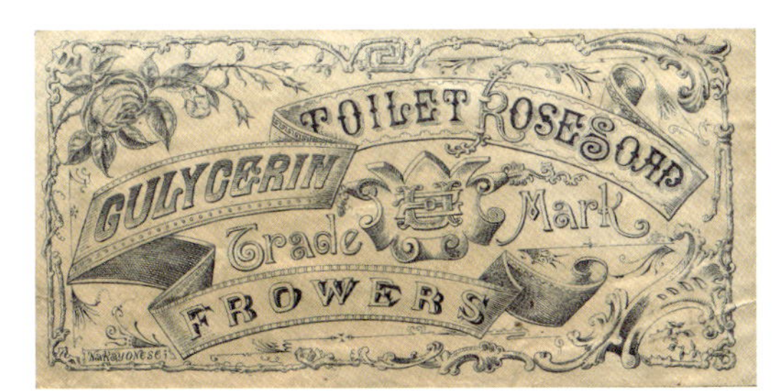

グリセリントイレットローズソープ／ナカヨネ／83×166

トイレットソープ／イムラセイコウシャ／73×150

石鹸ラベル／芳誠舎／74×157

ベストローズソープ／81×153

獨逸石鹸／大木商店／78×170

ベストトイレットソープ／80×165

兎月石鹸／清水開花堂／71×152

福島石鹸／山田篤三／69×152

花やしき／東京浅井支店／172×84

麝香石鹸／開花堂清水友吉／82×152

神國系統譽霊鷹

分析石鹸／セツダ／74×94

SPORT SAVON ／82×168

88×129

【ライオン石鹸】

歯磨のライオンも創業当初は石鹸が主力商品であった。日本の石鹸創成期の主力社「鳴春舎」で明治10年(1877)から解散するまでの8年間働いた初代小林富次郎が、明治24年(1891)に東京神田に開設した商店が始まりである。明治26年(1893)に化粧石鹸「高評石鹸」、洗濯石鹸「軟石鹸」を発売した。初代の没後、跡を継いだ、二代目小林富次郎は、明治43年(1910)に、米国で学んだ村田亀太郎と共同でライオン石鹸工場を設立、数々の新しい技術も導入された。大正8年(1919)には、小林商店の石鹸部門が分離され、ライオン石鹸株式会社が設立された。下掲の「ライオン石鹸」は大正初め頃の商品、「ミクニ石鹸缶」は、昭和初め頃発売の商品と思われる。
昭和15年(1940)には三菱系の日本化成工業株式会社と資本提携し、社名をライオン油脂株式会社に改称。昭和55年(1980)には再びライオン歯磨と一緒になり、ライオン株式会社が発足した。

ライオン石鹸／小林富次郎／112×201×83／NA

ミクニ石鹸／ライオン石鹸本舗／125×270×85／JK

梅花石鹸／YURI／166×154×68

アイツキ石鹸／高木東京堂／165×160×68

日本五石鹸のしおり

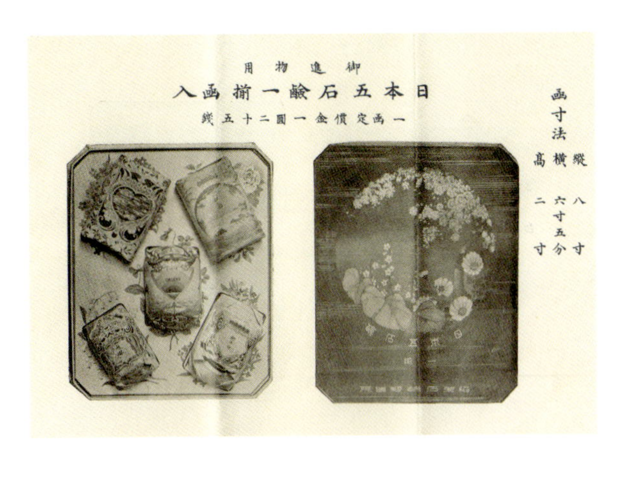

【日本五石鹸】

明治後期に稲葉石鹸製造所より発売された「日本五石鹸」。パッケージデザインが特長的である。銘柄は、オリエント、敷島、大和、朝日、山桜の五種類があるが、いずれも当時の専売局煙草の銘柄と図案を模したものであろう。和風の煙草のパッケージデザインを元に、うまくアールヌーボ調にアレンジされている。

朝日匂／稲葉石鹸製造所／94×187×53

日本五石鹸大和／稲葉石鹸製造所／87×121

司令石鹸／大阪世戸石鹸／102×190×44

大丸石鹸／大丸呉服店／91×168×36

【資生堂石鹸】

福原有信によって明治5年（1872）に民間初の洋風調剤薬局として創業した資生堂は、売薬、歯磨、化粧品と商品ラインナップを拡充してきた。「資生堂石鹸」が発売されたのは、大正10年（1921）で、高い品質と柔らかな薫りが市場の支持を得た。生地の色は、大衆に最も好まれるとされる青磁色が採用された。当時、資生堂は、鳴春舎出身の若松初五郎が興した「若山太陽舎」に石鹸の製造を委託していたが、大正15年（1926）に両社は合併し、「資生堂石鹸株式会社」となり、石鹸の専門会社として操業を続けた。その後、同社は昭和5年（1930）には、資生堂に吸収合併された。資生堂は、石鹸を贈答品としても位置づけ、「資生堂石鹸美術缶」、「資生堂銀座石鹸美粧函」等、数多くのデザインが残されている。

資生堂石鹸美術缶／資生堂／175×108×60

資生堂石鹸の絵葉書／91×141

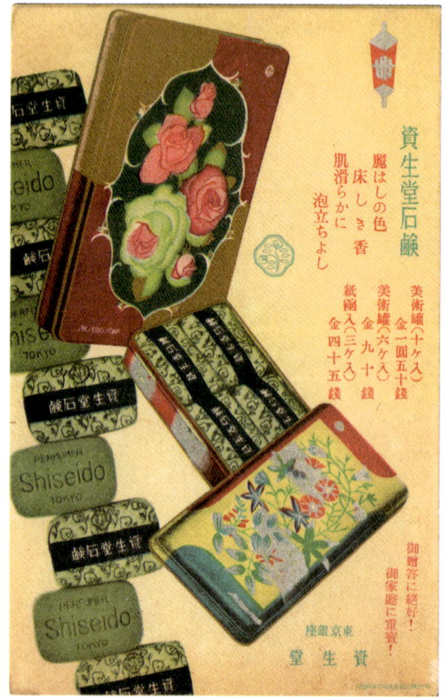

資生堂石鹸の広告カード／140×90

資生堂石鹸の絵葉書／90×141

資生堂石鹸美術缶／資生堂／174×107×59

資生堂石鹸美術缶／資生堂／174×107×60

資生堂石鹸美術缶／資生堂／257×114×43

資生堂石鹸美術缶／資生堂／258×114×42

資生堂石鹸美術缶／資生堂／257×117×42

資生堂石鹸美術缶／資生堂／257×114×42

資生堂石鹸美術缶／資生堂／257×113×43

資生堂石鹸美粧函／資生堂／264×118×45

資生堂銀座石鹸美粧箱／資生堂／88×164×34

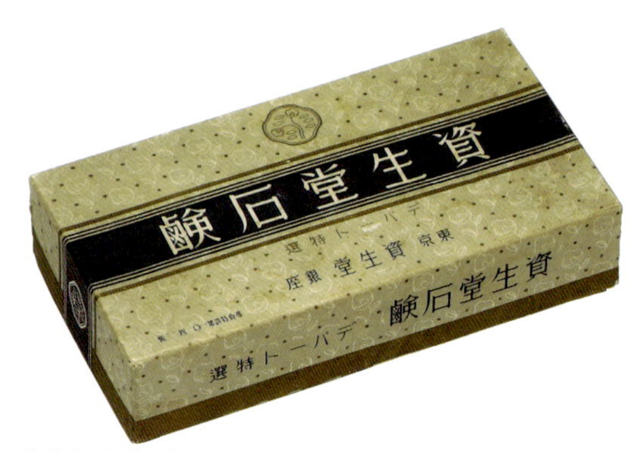

資生堂石鹸美粧箱／資生堂／91×170×38

資生堂石鹸（セルロイドケース）／45×62×20

資生堂石鹸（セルロイドケース）／45×62×22

資生堂石鹸（セルロイドケース）／45×62×22

資生堂石鹸（セルロイドケース）／50×65×23

資生堂石鹸（セルロイドケース）／50×65×23

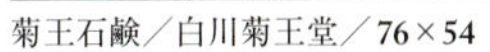
菊王石鹸／白川菊王堂／76×54

人魚石鹸／74×53

EXTRAFIN SAVON ／75×64

ローズグリセリンソープ／ショウエイシャ／56×156

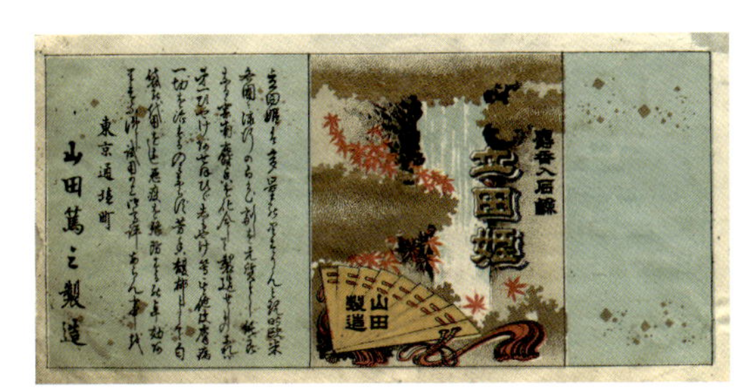

立田姫／山田篤三／70×141

化粧石鹸サイキョウ／75×146

鶯石鹸／福見定助／105×152×40

FRGRANT MUSC SAVON ／ASAI ／82×109×33

MUSC RACE SOAP／TOKYO SOAP／88×169×38

タイガームスクソープ／アサイブランチ／87×168×36

COSMETIC SOAP／リューホウシャ／84×116×42

御園石鹸／59×88×35

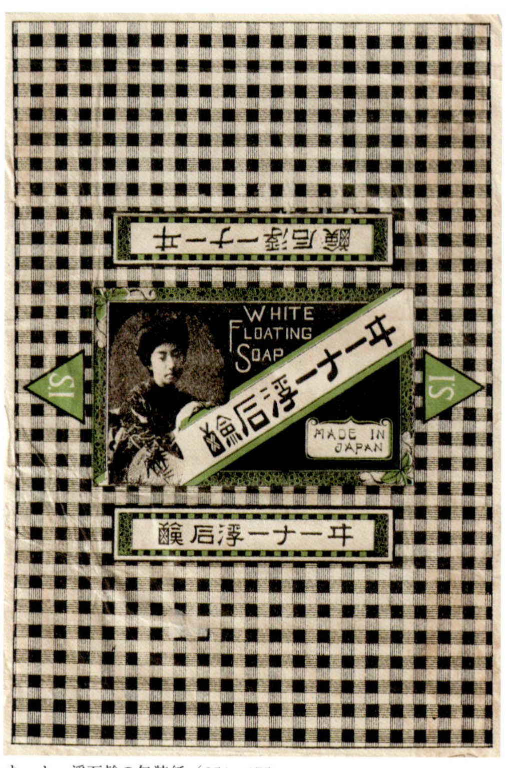

キーナー浮石鹸の包装紙／256×175

【浮石鹸】

浮石鹸は文字通り、水に浮く軽い石鹸で、明治35年（1902）に初めて輸入されると、たちまち流行となった。まもなく、国内メーカーからも商品化され、明治40年（1907）に丸見屋から「ミクニ浮石鹸」が、明治41年（1908）には長瀬商店より「ホーム浮石鹸」などが発売された。

アイデアルベストソープ／アイデアル石鹸／78×250×35

トイレットソープ／T.MACHIDA ／84×179×31

金鵄石鹸／97×192×40

ミノル石鹸／吉田寶石鹸／121×257×38

THE MOTION TOILET SOAP ／97×180×40

パスタムスクソープ／東京脇田／78×158×23

ホーサン石鹸／醫療用品研究所／82×165×34

牛乳石鹸／99×195×44

【ミツワと日本リバー・ブラザース】

大正から昭和の初めにかけて、それまで群雄割拠の状態であった石鹸業界は次第に有力企業へと淘汰されていく。主力は、花王、ミツワ、資生堂、御園、日本リバー等であった。
ミツワ石鹸は、江戸時代創業の丸見屋商店から、明治43年（1910）に純良高級石鹸として発売された。品質の良さが評判となり、一時、わが国石鹸界の王座を占めた。三つの輪を組み合わせただけのマークは、単純ではあるが、和的な美がある。結合と和を象徴し、品質保証と伝統の深さも表していると言う。
一方、日本リバー・ブラザース社は、世界最大の英国リバー・ブラザース社が、明治43年（1910）に設立した日本法人である。大正2年（1913）には、東洋の基地として、職工500人を抱える尼崎工場を稼働、製品は大陸にも輸出された。大正15年（1926）には「ベルベット石鹸株式会社」と改称、その後、更に「ニッサン」ブランドに変わる。

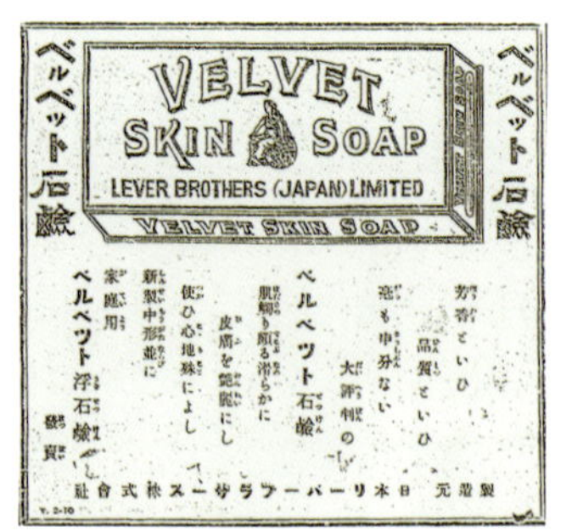
ベルベット石鹸

VELVET SKIN SOAP
LEVER BROTHERS (JAPAN) LIMITED
VELVET SKIN SOAP

ベルベット石鹸

芳香といひ
品質といひ
毫も申分ない
大評判の
ベルベット石鹸
肌觸り頗る滑らかに
皮膚を艶麗にし
使ひ心地殊によし
新製中形並に
家庭用
ベルベット浮石鹸
發賣

製造元　日本リーバーブラザース株式會社

新聞広告（大正2年6月15日）／東京朝日新聞

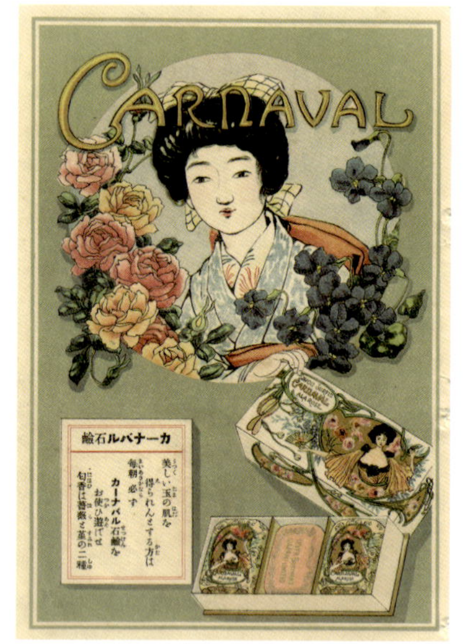

カーナバル石鹸のチラシ／リバーブラザースジャパン／186×129

カーナバル石鹸／リバーブラザースジャパン／100×190×49

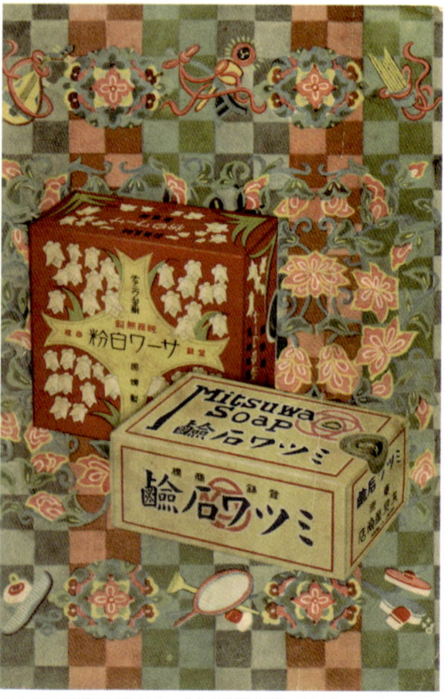

ミツワ石鹸のチラシ／丸見屋商店／220×144

ミツワ石鹸／丸見屋商店／127×232×88

SAVON EMULSIF／56×73

薬局ホーサン石鹸／58×89

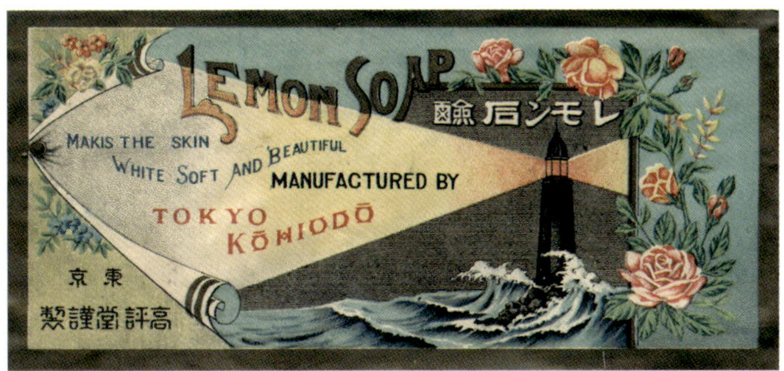

レモン石鹸／高評堂／73×158

粉末石鹸のポスター／岡田商店／790×274

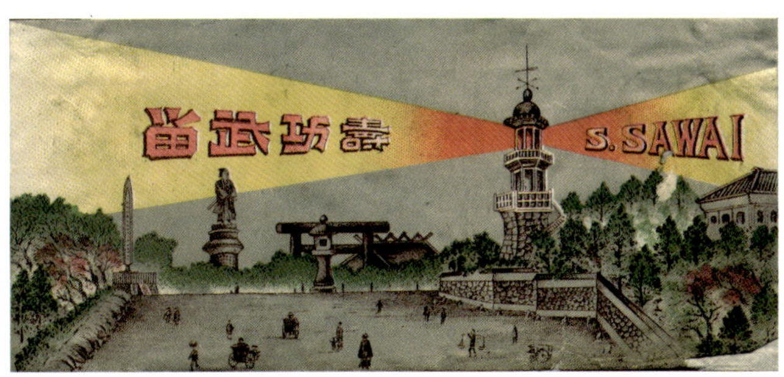

S.SAWAI／75×167

ヒーロー／安永舎／80×171

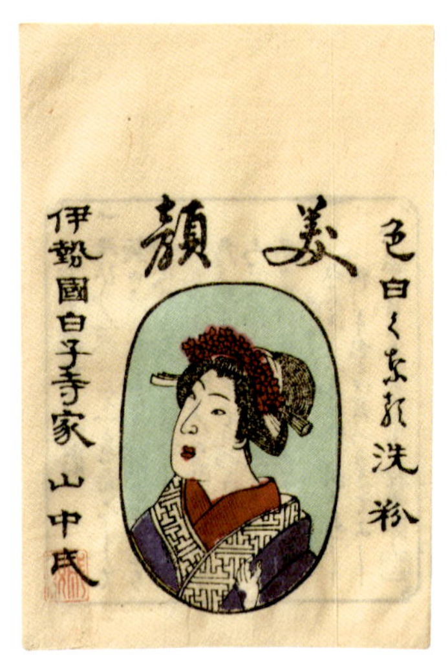

美顔／山中氏／138×94

【洗粉】

江戸時代の洗浄料と言えば洗粉かぬかであった。洗粉は、大豆粉等の天然植物原料を主成分としたものをいい、ぬかと同じように布袋に入れて洗顔に使用されていた。明治以降、舶来石鹸や国産石鹸が出回るようになると、洗浄力と香りが洗粉やぬかに比べ優れているため人気を博したが、反面そのアルカリ性が肌を刺激し肌荒れに悩む人々も多かった。そのため、洗粉やぬかも一部に根強い支持があった。
それを鑑みて中山太陽堂は、明治39年（1906）に石鹸にも劣らない洗浄力と香りを併せ持つ「クラブ洗粉」を売り出し、大ヒットとなった。（詳細は第6章）現在でもなお、洗粉はその安全性のため幅広い支持があり、旧来からの商品が受け継がれ販売されている。

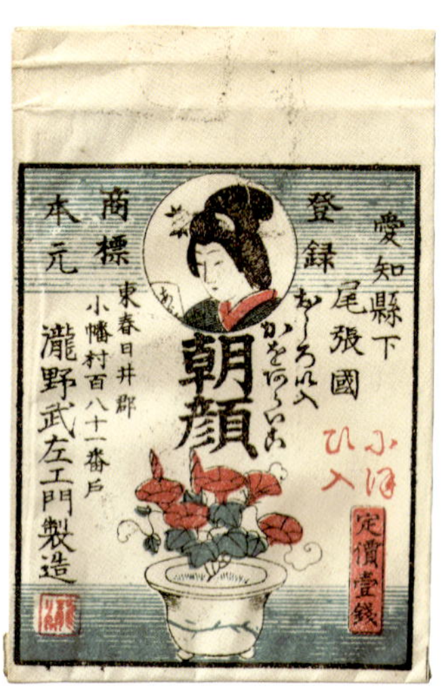

朝顔／瀧野武左エ門／127×84

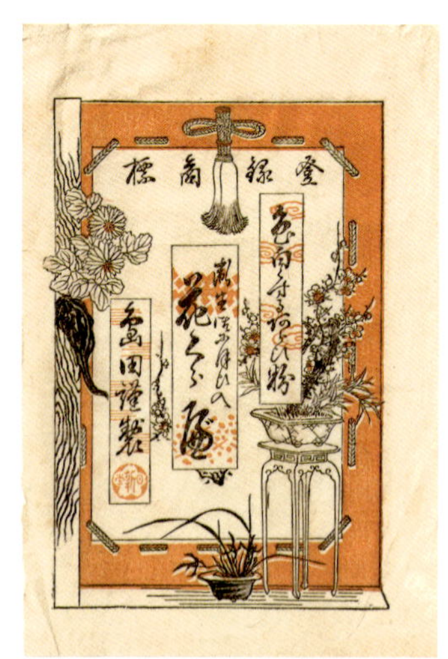

花くらべ／嶋田／195×133

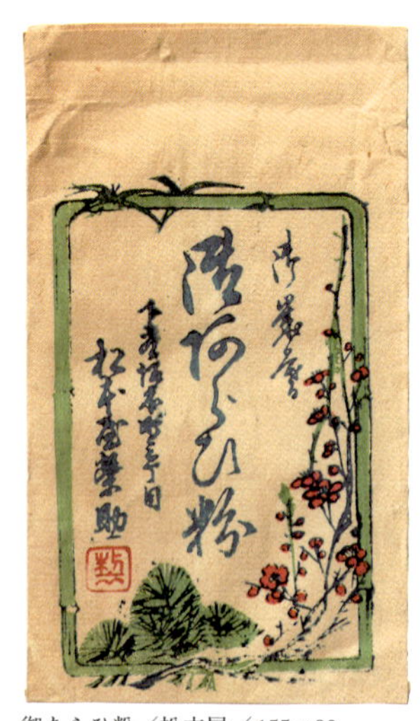
御あらひ粉／松本屋／155×90

ヘブン洗粉／プラムフラワー／69×95

ホーサン洗粉／ハナヤ／126×162

名題洗粉／梅素亭／86×133

改良髪洗粉のポスター／矢能徳眞堂
／479×191

御髪あらい粉の紙看板／板橋百花堂
／479×191

明治期の有名芸妓「洗い髪のお妻」
の写真が使われている

壽美禮あらひ粉／T.ISEKICHI
／H 103／NB

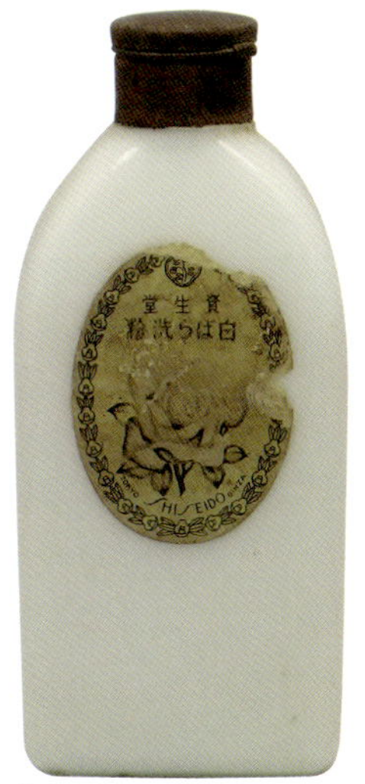

資生堂白ばら洗粉／H 110／NB

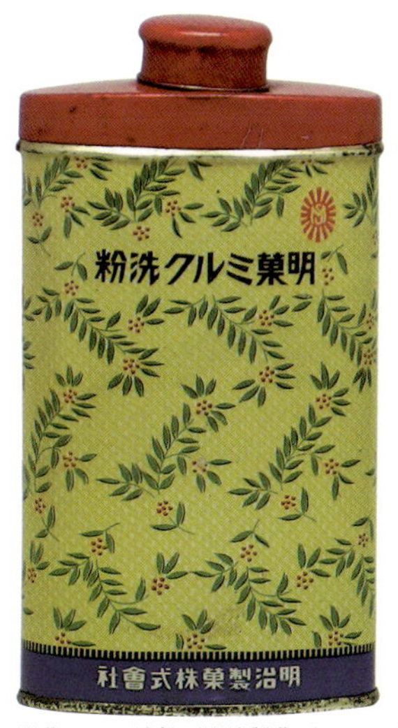

明菓ミルク洗粉／明治製菓／H 118／JK

アヅキ洗粉／藤村一誠堂／Φ 56×H 83

ニード洗粉／86×155×51

ニード洗粉／110×77

モンココ洗粉／H95

モンココ洗粉／121×75×24／JK

モンココ洗粉／118×70×23／JK

モンココ洗粉／H72／JK

【モンココ洗粉】

モンココ洗粉本舗は、大正から昭和にかけて活躍した詩人、金子光晴抜きでは語れない。会社は、氏の次兄と実妹によって昭和8年（1933）に設立されるが、パリ帰りのセンスを期待された光晴は、宣伝部の顧問として招かれ、ネーミング、広告、容器デザインなどを任された。モンココという社名も氏の考案で、フランスで耳にした「わたしのかわいこちゃん」という意味の言葉である。モンココ洗粉の容器に描かれた、とんがり帽子をかぶったスレンダー女性のデザインもパリの街頭で見かけた広告を参考にして創案されたという。
モンココは戦後、クリームのジュジュブランドが別会社として生き残るが、本体は昭和30年頃に幕を閉じる。

第2章

歯　磨

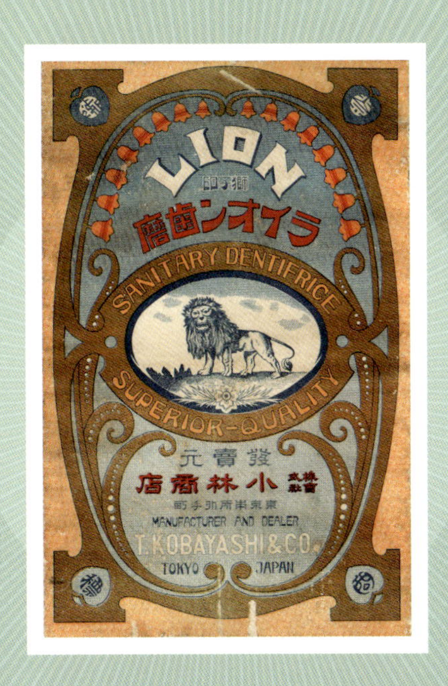

LION
獅子印
ライオン歯磨
SANITARY DENTIFRICE
SUPERIOR-QUALITY
發賣元
株式會社 小林商店
MANUFACTURER AND DEALER
T. KOBAYASHI & CO.
TOKYO JAPAN

歯磨きは、江戸時代に武家階級では既に習慣化しており、その方法は、焼き塩を指につけ直接磨いたり、香料入りの房州砂を房楊枝（柳等の枝の端を叩いて平たくした歯ブラシの原型）につけて磨くものであった。磨き粉の販売は、店売りと並行して、大道芸をしながら町中を売り歩く「歯磨売り」によって秤売りされていた。明治に入ってもしばらくは、江戸時代からの調合による歯磨粉が使用されていたが、明治5、6年頃から西洋から伝わった処方が紹介されるようになった。そのような中、明治8年（1875）に東京保全堂から発売された「花王散」が初めて全国規模の商品となる。その後、明治時代にはおびただしい種類の粉歯磨が発売された。商品名に、こな薬を意味する「～散」が使われているものが多く、明治中期くらいまでは薬の一種としての位置づけであった。「ライオン歯磨八十年史」で紹介されている、明治時代の国内の銘柄は、二百数十種類にも及ぶ。

明治期の代表的な商品は、粉歯磨では、ダイヤモンド歯磨、ライオン歯磨、象印歯磨、クラブ歯磨など。煉歯磨では、福原衛生歯磨石鹸、鹿印煉歯磨などであった。水歯磨も種類は多くないが発売されていた。

梅香散の絵びら／伊勢屋吉次郎／695×263

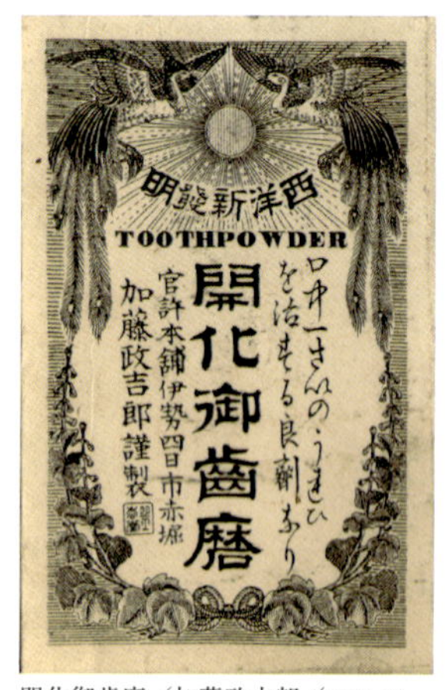

開化御歯磨／加藤政吉郎／68×44

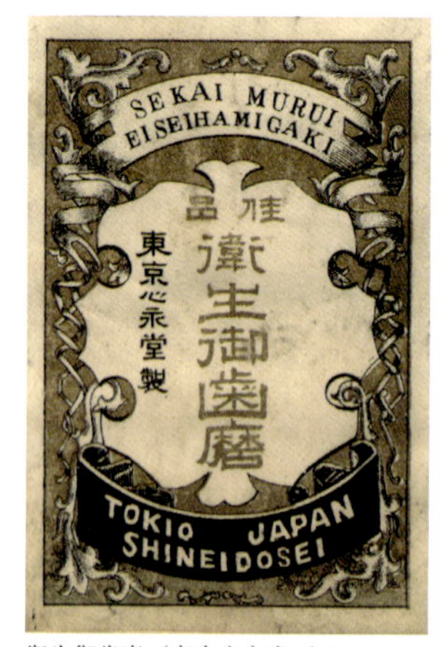

衛生御歯磨／東京心永堂／61×41

美人散／82×55

百福はみがき／東京宝玉堂／80×52

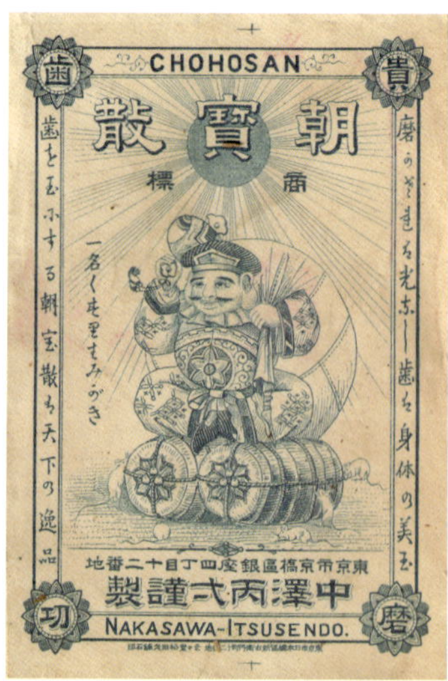

朝寶散／中澤丙弌／107×70

福原衛生歯磨石鹸／Φ72×H42

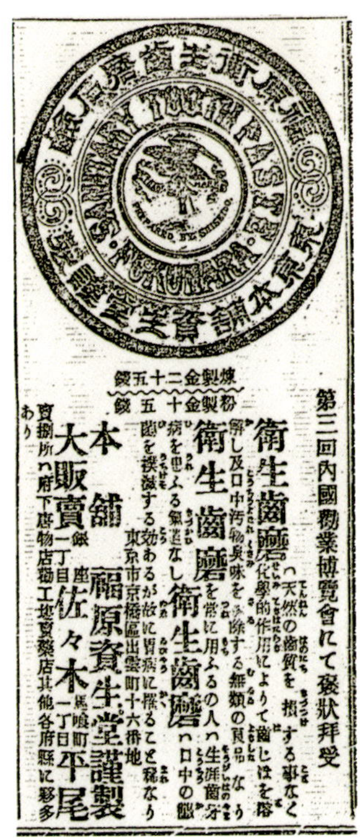

福原衛生歯磨石鹸
SANITARY TOOTH PASTE
FUKUHARA
東京本舗資生堂謹製

第三回内國勧業博覧會にて褒狀拜受

衛生齒磨は天然の齒質を損する事なく化學的作用によりて齒じはを溶解し及口中汚物臭味を掃除する無類の良品なり衛生齒磨を常に用ふるの人は生涯齒牙の病を患ふる氣遣なし衛生齒磨は口中の黴菌を撲滅する効あるが故に胃病に罹ること稀なり

煉製金二十五錢
粉製金十五錢

東京市京橋區出雲町十六番地
福原資生堂謹製

本舗
大販賣 銀座一丁目 佐々木 馬喰町一丁目 平尾
賣捌所は府下唐物店勧工場賣藥店其他各府縣に夥多あり

新聞広告（明治25年2月11日）／
東京朝日新聞

【福原衛生歯磨石鹸】

資生堂は明治5年（1872）、漢方薬が主流の時代にあって、民間初の洋風調剤薬局として、東京銀座に誕生した。明治21年（1888）には日本で初の固型石鹸状の煉歯磨、「福原衛生歯磨石鹸」を発売した。それまでの歯磨は、粉末タイプであったが、現在に近い煉りタイプとしたことで粉の飛散がなく、また品質も良かったため、25銭という高価格にも関わらず、好評であった。第三回内国勧業博覧会（明治23年）では、褒状を受けた。陶製容器の中心に描かれた、羽ばたく鷹は、資生堂初の商標である。鷹が鳥の王者のため選ばれたという。

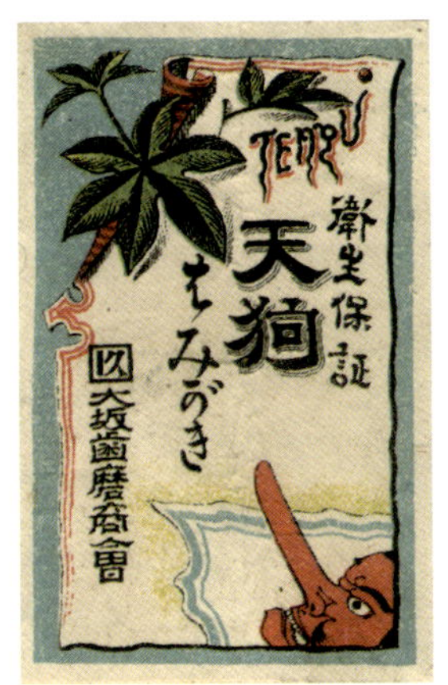

天狗はみがき／大坂歯磨商會／59×37

國乃花／米澤屋／67×47

金城散／宮田辰次郎／63×47

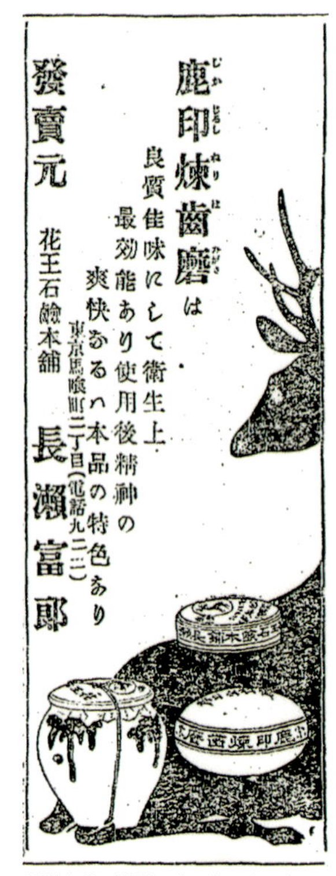
鹿印煉歯磨は
良質佳味にして衛生上
最効能あり使用後精神の
爽快なるハ本品の特色あり
東京馬喰町二丁目（電話九二二）
發賣元
花王石鹼本舗
長瀬富郎

新聞広告（明治29年1月3日）／東京朝日新聞

衛生歯磨壽考散／長瀬富郎／Φ52

鹿印煉歯磨／長瀬富郎／Φ72×H42

【長瀬商店の歯磨】

明治20年（1887）に創業した長瀬富郎商店は、花王石鹸に続く二番目の商品として粉歯磨「壽考散」を明治24年（1891）に発売した。この製品は、先の花王石鹸と同様、薬剤師瀬戸末吉の処方によるもので、ラベルにもその記載がある。売行きは良好だったようである。

その2年後の明治26年（1893）には、「鹿印煉歯磨」を発売。商品化までには富郎自ら調合と試作を繰り返したという。陶製の容器は、卵型、つぼ型、楕円型などがあり、大正末まで広く愛好された。

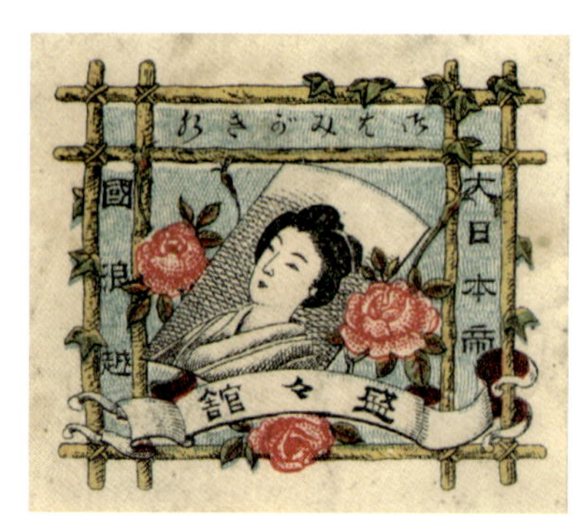

御はみがき粉／盛々舘／38×42

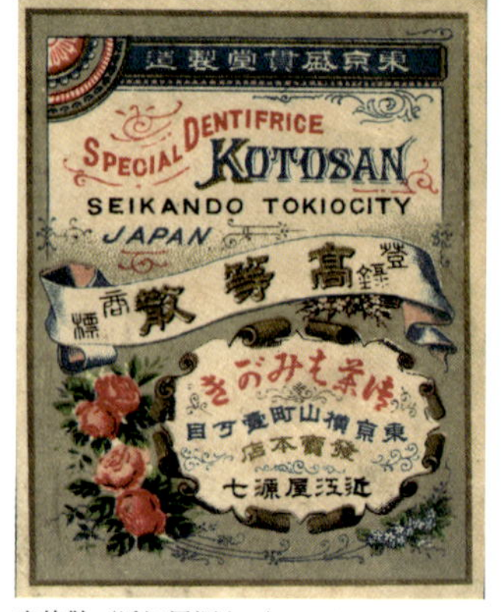

高等散／近江屋源七／64×51

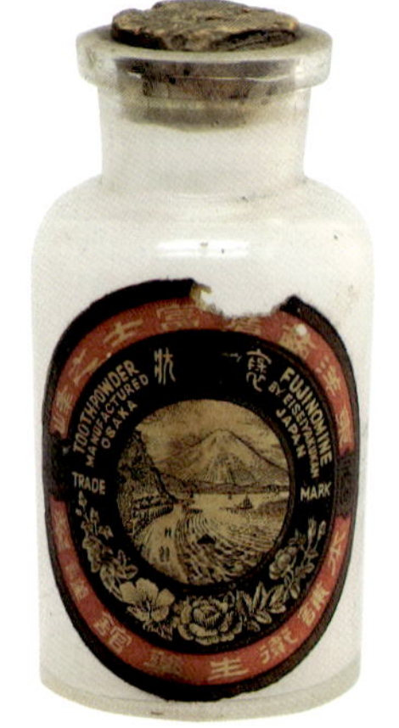

富士の峰／衛生薬館／H89

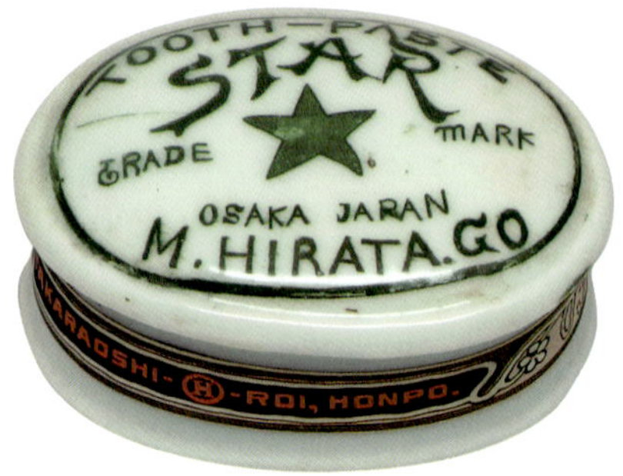

スター歯磨／HIRATA ／60×84×38／NB

煉歯磨大博士／松本製／Φ44×H21

【歯磨の容器】

明治時代の粉歯磨は紙袋入りが主であったが、高級感を出すために桐箱入りも作られた。右の金城堂の「めざまし歯磨」は、明治20年代発売の桐箱である。44ページ掲載の「獅子印ライオン歯磨」も桐箱であった。桐箱の上面と側面に紙ラベルが貼られ、カラフルな装飾が施された。ガラス瓶や陶製容器も明治の前半に登場する。ペースト状の煉歯磨はもっぱら陶製が使用された。しかしながら、容器代が高くつくことと割れやすいため、明治後半にはニッケルやアルミなどの金属製缶容器に変わっていく。使いやすいチューブ入り歯磨が発売されたのは、明治44年(1911)である。ライオンから輸入容器を使った商品化であった。

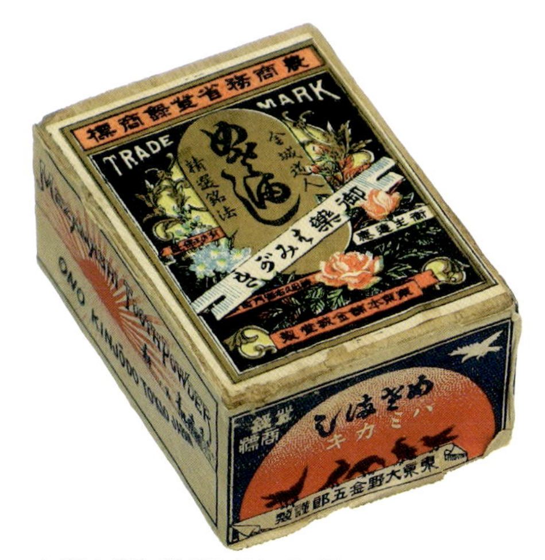

めざまし歯磨／金城堂／66×44×28

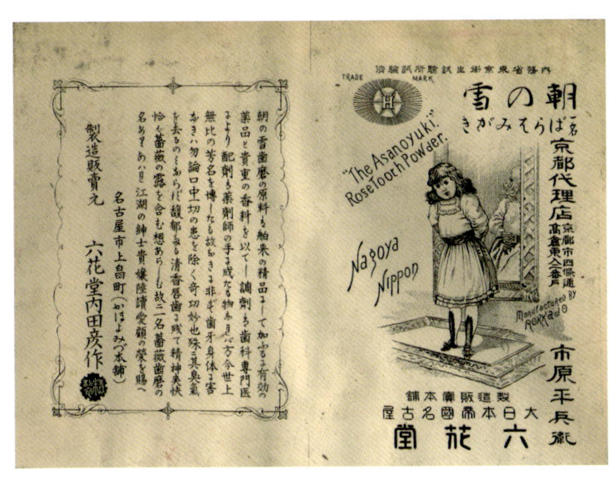

朝の雪／六花堂／100×136

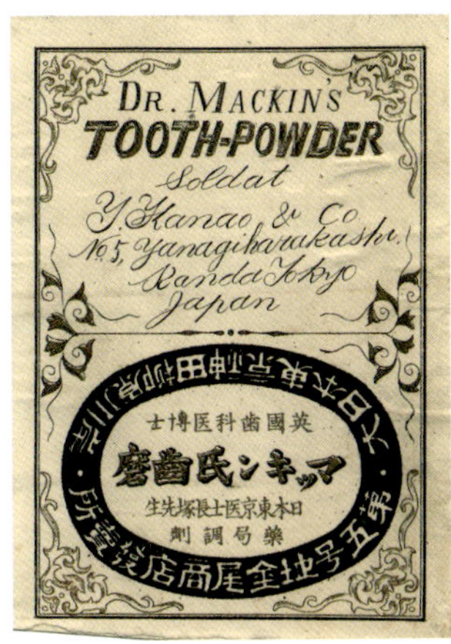

マッキン氏歯磨／金尾商店／113×81

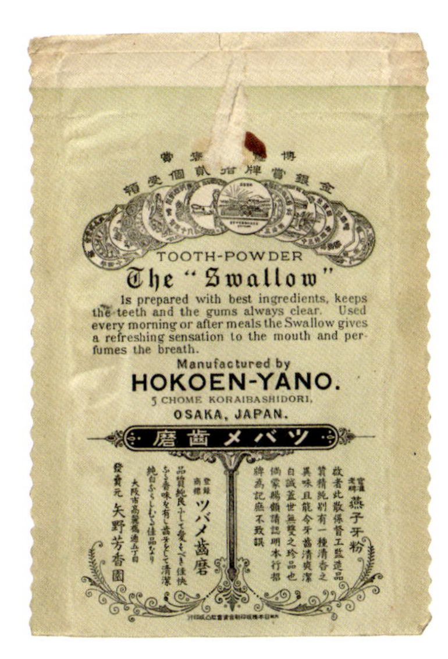

ツバメ歯磨（表裏）／矢野芳香園／137×91

【ツバメ歯磨】

大学白粉で有名な矢野芳香園より、明治の後半に発売され、競合メーカーに交じりながらも健闘した商品である。創業者の矢野順蔵は、明治36年(1903)の第五回内国勧業博覧会で、歯磨で三等賞、白粉で褒状を得ている。

白光散

此御薬歯磨へ西洋の方に基き精製したる者にして第一歯を堅固にし口熱を消し歯の根及齦肉をかため悪氣を拂ひ衛生上有功無害の良品なり
但し賣捌へ府下及各府縣の高名なる薬屋和洋小間物店等に差出し有之候間御最寄にて御求め願上候

東京日本橋南茅場町卅九番地 洋法改良薬歯磨
本舗 三橋盛貫堂
國快散 美玉散 製造

特約
東京日本橋區馬喰町一丁目
大販賣 小町水 無臭肝油 本店
平尾贊平

新聞広告（明治22年5月12日）／東京朝日新聞

【三橋兎喜次郎】

三橋兎喜次郎について残された記録は少ないが、明治時代の歯磨業界、化粧品業界で活躍した人物である。明治9年（1876）には早くも「白光散」という粉歯磨を発売。その後、明治年間に「太陽散」、「美玉散」、「麝香散」、「国快散」、「時計印歯磨」、「國之光」などの銘柄を相次いで発売している。残されたラベル類を見ると、デザインには相当力を入れていたと見え優美なものが多い。明治42年（1909）には、「虎印歯磨」を発売、好評を博した。

虎印歯磨／三橋兎喜次郎／35 ×76

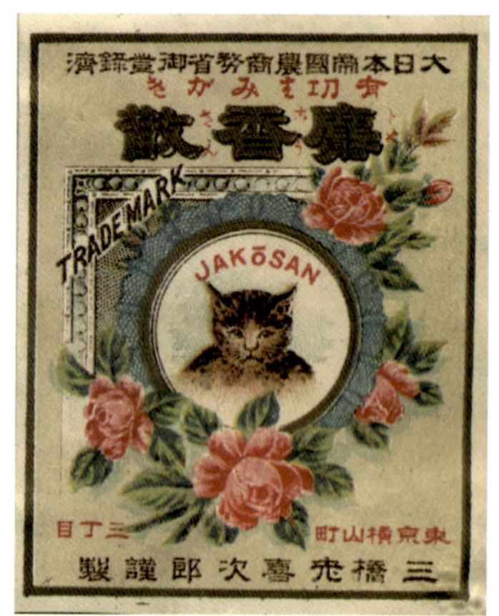

麝香散／三橋兎喜次郎／64 ×53

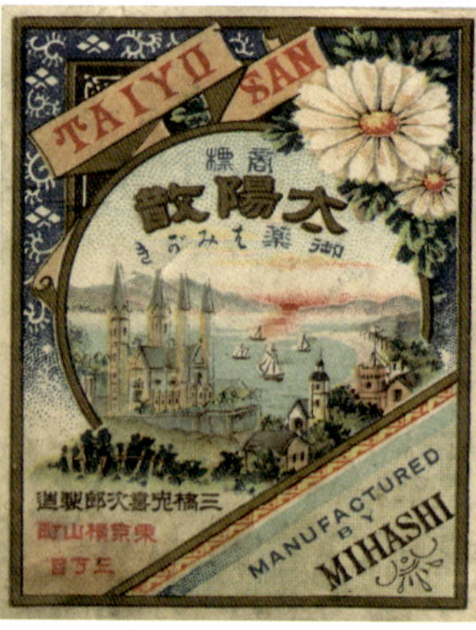

太陽散／三橋兎喜次郎／63×52

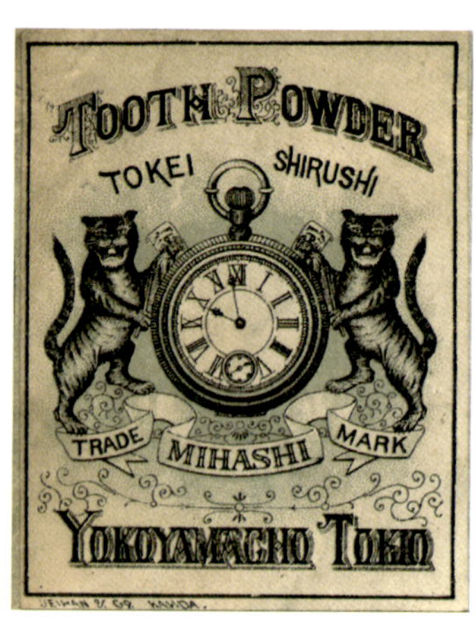

時計印歯磨／三橋兎喜次郎／64×52

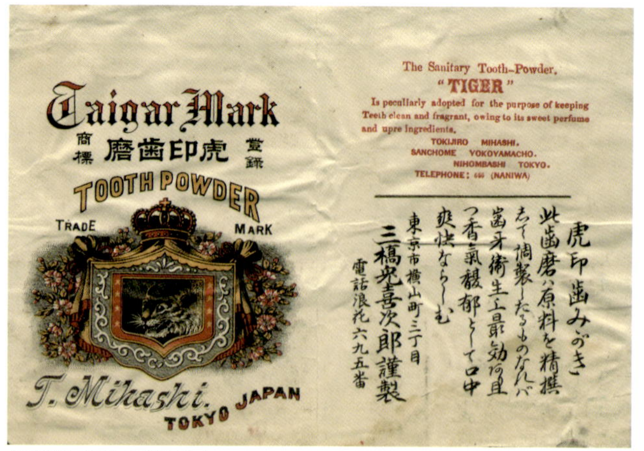

虎印歯磨／三橋兎喜次郎／120×175

國之光／三橋兎喜次郎／66×54

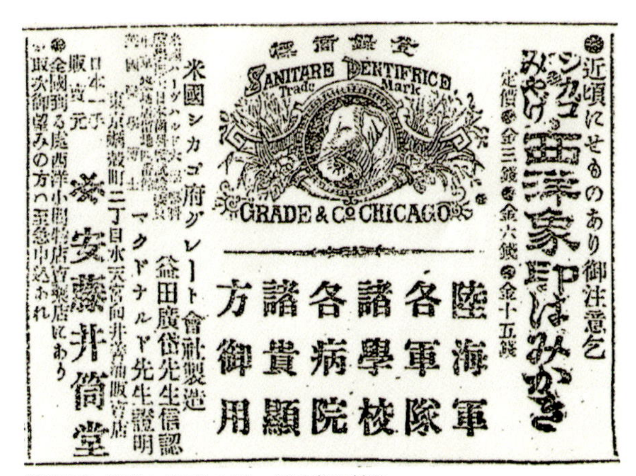

新聞広告（明治31年7月10日）／東京朝日新聞

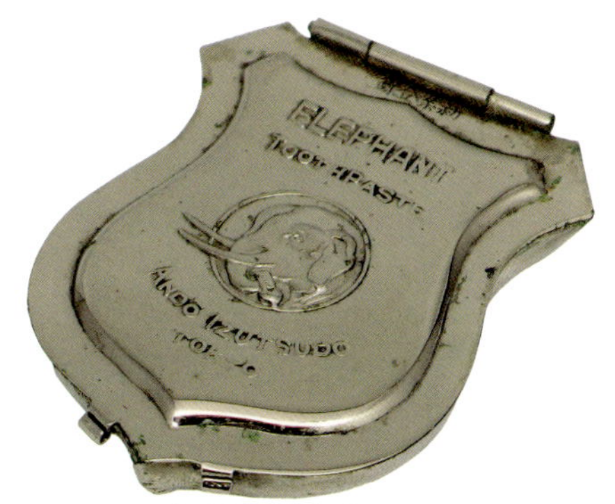

エレハント歯磨／安藤井筒堂／63×50×16

【象印歯磨】

「象印歯磨」は、安藤福太郎が江戸時代から続く井筒屋を引き継いで設立した「安藤井筒堂」より、明治27年（1894）に発売された。それまで国内の歯磨の品質の悪さに憂いを抱いていた安藤は、明治25年（1892）に米国シカゴで開催された博覧会で好評を得た米国グレード社の歯磨に感銘を受け、発明者のドクトルウイルハム氏の方剤に基づき同品質の歯磨を創製したものである。発売前には、米国ブレード社の承認を受け、「シカゴみやげ西洋象印歯磨」として販売した。その品質は優良で、明治36年（1903）に大阪で開催された第五回内国勧業博覧会では、ライオン歯磨、ダイヤモンド歯磨と並び、歯磨の最高賞である二等に入選した。明治40年（1907）の東京勧業博覧会でも、同じ三社が一等賞を受賞している。

その後、明治41年（1908）には、市場の高級需要に応えるべく姉妹品の高級歯磨「エレハント」も売り出された。

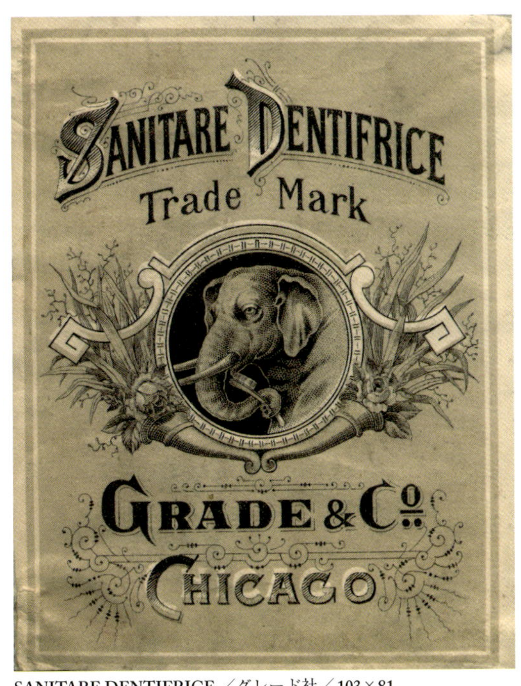

SANITARE DENTIFRICE／グレード社／103×81

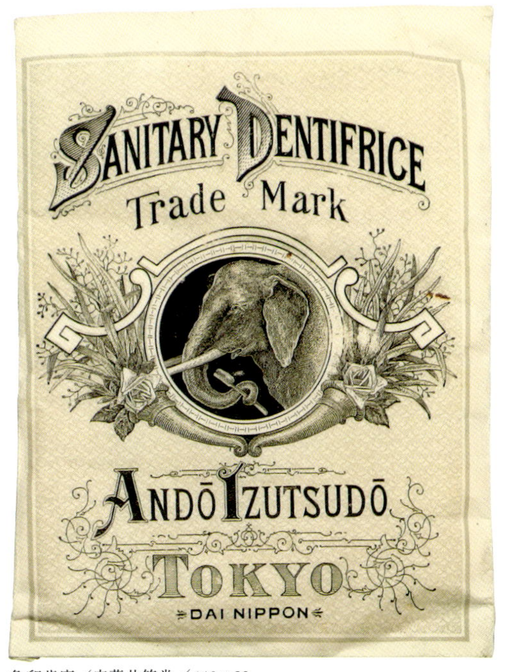

象印歯磨／安藤井筒堂／110×80

【ライオン歯磨】

嘉永5年（1852）生まれの初代小林富次郎は、石鹸業界で経験を積んだ後、明治24年（1891）、39才のときに小林富次郎商店を開業した。当初、石鹸原料やマッチ材料の取り次ぎ、続いて石鹸の製造販売を行っていたが、歯磨事業の将来性を確信して、明治29年（1896）より、歯磨の製造販売に着手し、ライオン歯磨を商品化する。商品名にライオンが選ばれた理由は、先発商品で人気のあった「鹿印煉歯磨」や「象印歯磨」に動物名がつけられていたため、それにあやかってのことである。ライオンが百獣の王であり、丈夫な歯牙を持っている事もネーミングには、適していた。

ライオン歯磨は新聞への宣伝広告や慈善券付き特典などの販売戦略の成功により、たちまち市場を席巻、海外への進出も果たした。明治43年（1910）には、初代社長が永眠するも養嗣子の徳治郎が二代目富次郎を襲名し、社業を引継いだ。その後も、明治44年（1911）に国内メーカーとしては初のチューブ容器入練歯磨の実用化、大正2年（1914）に子供向け歯磨の商品化を果たすなど、日本の歯磨文化を先導した。

ライオンの明治・大正時代の繁栄ぶりを「平尾賛平商店五十年史（昭和4年）」では次のように伝えている。「（以下要約）明治29年にライオン歯磨が発売されると、販売方法が斬新で、品質は欧米品に遜色無く、しかも鋭意改良を怠らないので評判はたちまち市場をおさえ、日露戦争前後はその独占に帰し、殆ど競争せんとする者すら現れる余地が無い。大正期においても、ライオン歯磨が最も優勢で、クラブ歯磨もよく活動せり」

新聞広告（明治29年12月12日）／東京朝日新聞

獅子印ライオン歯磨桐箱入／小林富次郎／75×57×38

ライオン歯磨／112×86

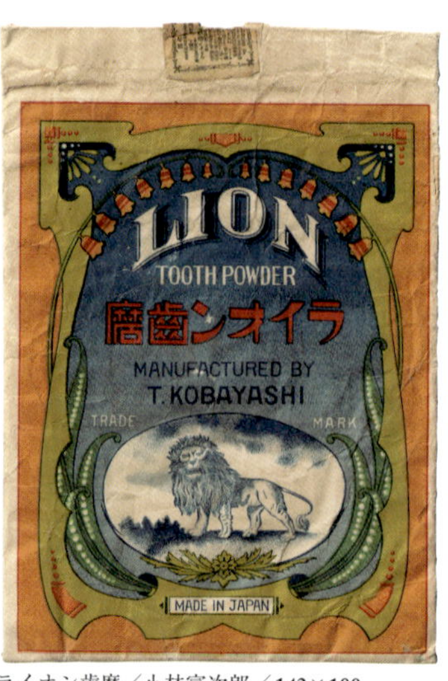

ライオン歯磨／小林富次郎／142×100

ライオン水歯磨／小林商店／H89

ばんざい歯磨／小林富次郎／135×180

【ばんざい歯磨】

「ばんざい歯磨」は明治38年（1905）、英米向け商品として発売された。商品名を「ばんざい」としたのは、当時米国にはドクターライオンという商品がすでにあり、同様の名前では紛らわしいことと、日露戦争の勝利ニュースで万歳という日本語が米国内でも良く知られていたという事情があったようである。品質にも工夫を凝らし、高級イメージで売り出された。

その後、明治43年（1910）には、国内向けにもライオン歯磨の姉妹品として、「白色ばんざい歯磨」が発売された。

新聞広告（明治45年6月25日）／東京朝日新聞

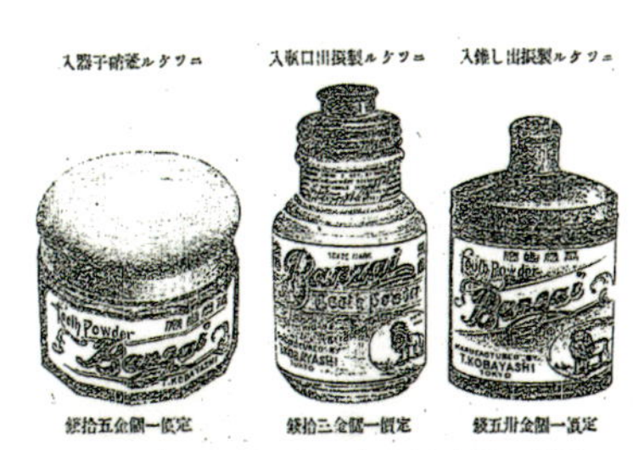
新聞広告（明治43年3月2日）／東京朝日新聞

ライオン歯磨／小林商店／179×138×91

ライオン歯磨／小林商店／214×142×93

ライオン歯磨／143×113／JK

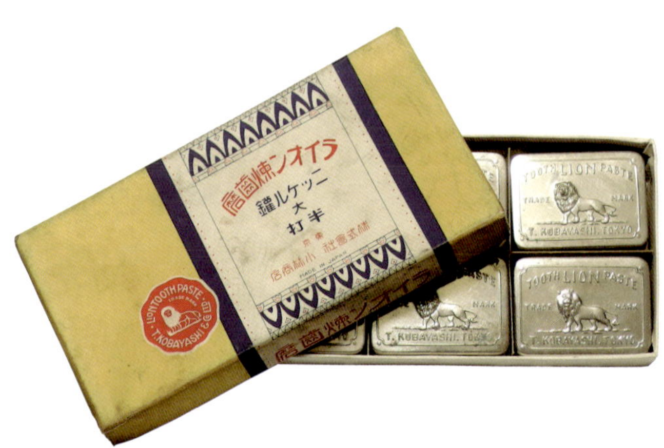

ライオン煉歯磨ニッケル罐（半打）／93×79×22

ライオン歯磨／小林商店／208×152

ライオン歯磨／小林商店／138×104

ライオン歯磨／小林商店／128×97

薬用ライオンコドモハミガキ（昭和12年）／小林商店／Φ63×H17

獅子牙粉／小林商店／85×85×40

ライオン旅行用歯磨セット／小林商店

【ライオンコドモハミガキ】

大正2年（1914）に全国向けとしては、国内初の子供向けハミガキが発売された。それまでの歯磨が大人を対象としたものであり、子供には刺激が強すぎるのではないかという不安を解消するために、薬剤の配合や色、香りを工夫して、創製された歯磨である。意匠や付録の文章・絵の制作には当時活躍していた画家や作家が起用された。

【スモカ歯磨】

スモカ歯磨は大正14年（1925）に壽屋（現在のサントリー）より発売された。社員であった片岡敏郎氏の企画による商品である。当時現金取引のきくタバコ屋で扱ってもらうことを前提に商品名をスモーカーから由来したスモカとした。その時代にはまだ主流だった粉歯磨の欠点である粉の飛び散りを、缶入りの潤製歯磨とすることで解決、「たばこのみの歯磨スモカ」と大々的にPRをし、ヒット商品となった。
片岡敏郎氏は天才的な広告マンとして手腕を発揮し、多くの広告を残している。特に商品発売から16年間に渡り、新聞掲載された広告は1200点以上にのぼり、圧巻である。
昭和7年（1932）には壽屋から歯磨部門が分離し、株式会社寿毛加が創立された。社名は、寿屋に毛の生えた会社というユーモアや、スモカを万葉仮名であらわした漢字表記などに由来する。

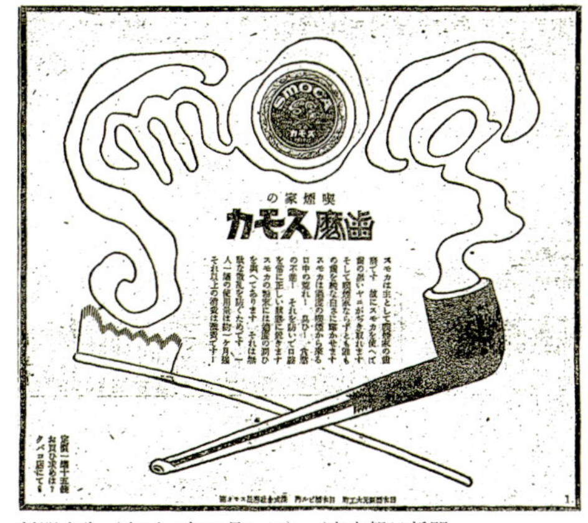

新聞広告（大正14年12月11日）／東京朝日新聞

スモカ歯磨／Φ61×H17／JK

スモカ歯磨／Φ62×H17／JK

スモカ歯磨のチラシ／116×78

歯磨スモカのポスター／435×310

歯磨スモカのポスター／435×310

資生堂歯磨／資生堂／L128

資生堂歯磨

本邦唯一の純粋クリーム歯磨(専売特許)ですから歯を傷めずに清掃殺菌美白を完全に果します

資生堂歯刷子

20セン
15セン
10セン

新聞広告（昭和10年6月4日）／東京朝日新聞

【資生堂歯磨】

資生堂のチューブ式歯磨は、昭和4年（1929）に発売された。西欧風の唐草文様にツバキの花柄を配した華麗な図案は、意匠部デザイナーの前田貢によって描かれた。資生堂デザインの柱のひとつである唐草文様の確立に貢献した商品の一つである。

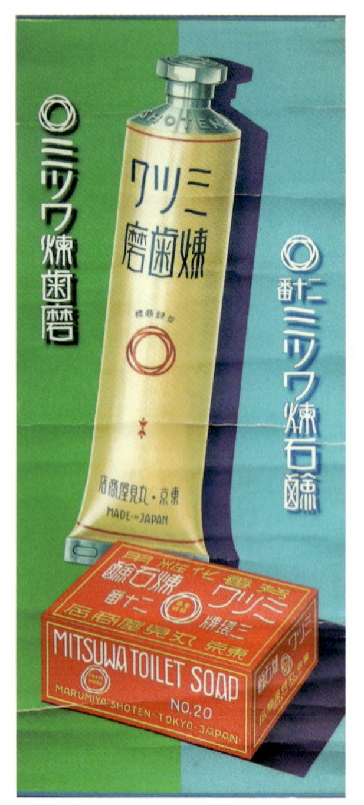

ミツワ煉歯磨のポスター／丸見屋商店／772×345

ホシ歯ブラシの袋／183×74

クリーン歯磨／純美堂／190×126

丸善薬歯磨／Φ70×H28

トウランプハミガキ／Φ60×H19

クリーン歯磨／純美堂／74×74×35

第3章

化粧品

【化粧史概観】

日本の伝統的な化粧は飛鳥、奈良時代に隋や唐から伝えられたものに始まる。赤い頬や唇、太い眉が特長である大陸風の化粧は、宮廷などの上流階級で取り入れられ、正倉院の絵画に描かれた美人にもその様子が残されている。その後、大陸との交流が途絶えると、日本独特の化粧文化が発達していった。白粉と紅の化粧を中心に、江戸時代には集大成された。

開国され、明治になると文明開化の大波が怒涛のように押し寄せ、欧米心酔の風潮がはびこった。化粧法も徐々ではあるがその影響を受け始め、古くからの化粧品だけではすまなくなり、西洋からの化学化粧品を上流階級を中心に使われはじめた。国産品も舶来品を模したものが、次々に市場に出るが、技術、ノウハウが伴わないので当初は幼稚なものが多かった。そういう状況で、明治30年頃までは、一般大衆への普及率は低く、市場も微々たるものであった。

明治後期からは、化粧の発展期に入り、女性の社会進出増加に伴い、西洋風化粧が一般にも普及した。贅沢品から庶民の必需品として定着し始めたと言える。種類もそれまでの白粉中心に加え、化粧水やクリームといった基礎化粧品も国産品が開発され、化粧品メーカーも次々と設立された。明治時代に計五回開催された内国勧業博覧会が業界や市場に与えた影響も大きい。

大正時代以降は、自然な化粧法が進み、白粉も白一色から有色へ、煉白粉から粉白粉へと変わっていった。化粧水も皮膚美容の功能を持つ化粧液へと進化した。化粧品メーカーは、大阪の中山太陽堂（クラブ化粧品）と東京の平尾賛平商店（レート化粧料）が二大勢力となり、「西のクラブ、東のレート」と呼ばれ争った。両社は、宣伝カーや気球による派手な宣伝、有名女優を用いたポスターによる広告など、様々な販売促進活動を繰り広げ、人々の注目を浴びた。女性をターゲットとした化粧品のパッケージデザインは、当時の商業デザインの牽引役ともいえ、アールヌーボやアールデコなどの西洋の流行を敏感に取り入れ、それらを日本風に昇華し、華麗な世界を作り出している。

クラブ、レートに加え、エレガントなデザインの桃谷順天館、モダンデザインの資生堂、そして御園（後のパピリオ）、ウテナ、マスター、アイデアル、サーワ、カッピー、カガシ、星製薬などが個性的なデザイン合戦を繰り広げた。

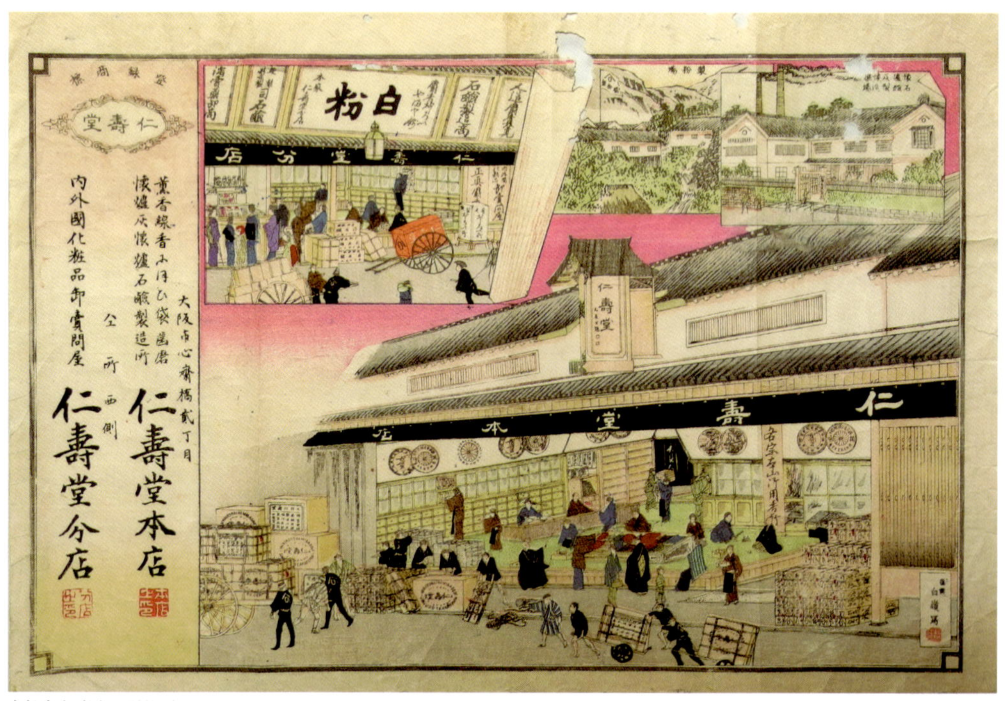

白粉商 仁壽堂の引札／335×491

仁壽堂は、延宝元年（1673）に大坂で創業した老舗である。明治時代には、同分店より「やまと錦（54ページ掲載）」、「たつた」という白粉が販売されていた。化粧品問屋としても有力で、大正9年（1920）に創設された大阪の同業組合の副組長を分店の伊東章三が務めていた。現在もお香の専門店として大阪心斎橋で営業中である。

芙蓉香／村田宗清／178×105

傘月香／村田宗清／190×108

おきなくさ／村田宗清／185×108

【明治前期の粉白粉】

明治時代も半ばまで、化粧品はその種類も販売量も少なく、独立した商品カテゴリーとしては成立していなかった。そのため、小間物屋や油屋で関連品として扱われていた。本ページの粉白粉に記された白粉司、村田宗清も元々は油屋である。そのころの、粉白粉の包装には、和紙の包み（畳紙）や桐箱が使われ、それらに貼られた木版ラベルは、役者絵や美人絵など、浮世絵の流れを汲むデザインのものが多い。しかし一方、白粉を多用する歌舞伎役者に鉛中毒と思しき症状が多かったので、鉛白粉の有毒性が社会的に問題視され始めていた。

御所桜／村田宗清／180×107

天女香／172×88

鶴亀香／柏岡弘棨／156×97×58

泉香／泉屋勘七／160×101×58

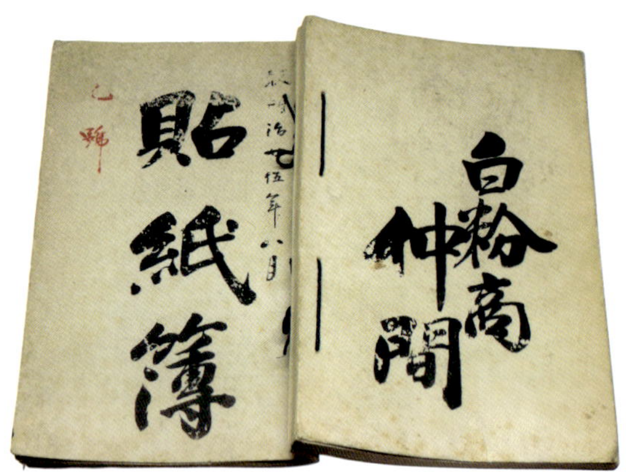

白粉商仲間貼紙簿（明治25年）

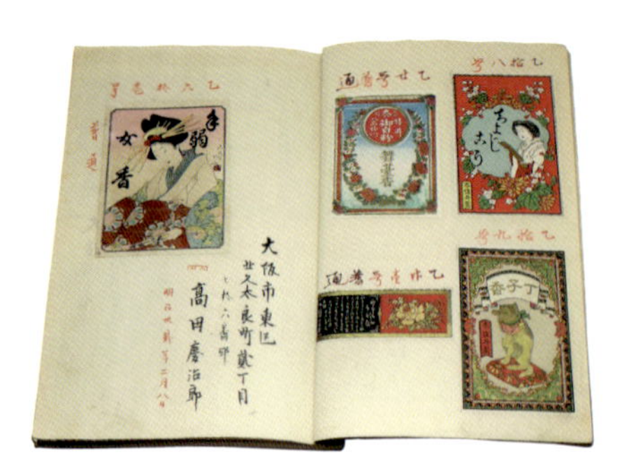

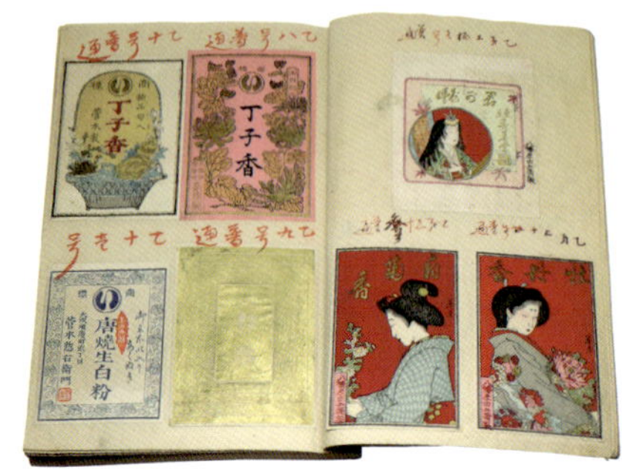

君が艶／東京秀美堂／117×84

【白粉商仲間】

江戸時代の白粉製造は大坂の泉州堺が発祥とされ、明のものを模倣して始めたようである。当時、複数の白粉商同士の競争を排除して産業の育成を進め、取引を規範化することなどを目的に大阪で「株仲間」がつくられた。安永10年（1781）、76軒の組織でのスタートであった。しかし運用に矛盾が生じた事から、天保12年（1841）に停止令が出され解散した。明治になっても政府は、商売の自由化を打ち出し、株仲間制度による特権を排除していたが、その後それが却って商業不振を招くとされ、方針転換により株仲間が容認された。大阪では、明治18年（1885）に「大阪白粉商仲間」として再結成された。

上掲の「白粉商仲間貼紙簿」は、明治25年～34年に作成されたもので、20軒66枚の大阪の白粉商のラベルが貼りこんである。木版の精緻なものが多い。松井犻（松井マツ）や仁壽堂分店（伊藤清右ヱ門）など、明治から大正期に全国的に活躍する白粉商もうかがえる。人名は当時の店主であろう。

都千鳥／菅本／127×80

御所の菊／高田／130×85

柳蛙香／浪花柏岡／121×83

峰之雪／三輪田／119×85

あいけうおしろい／東京本舗／185×105

ふじのおき／保証堂謹製／161×104

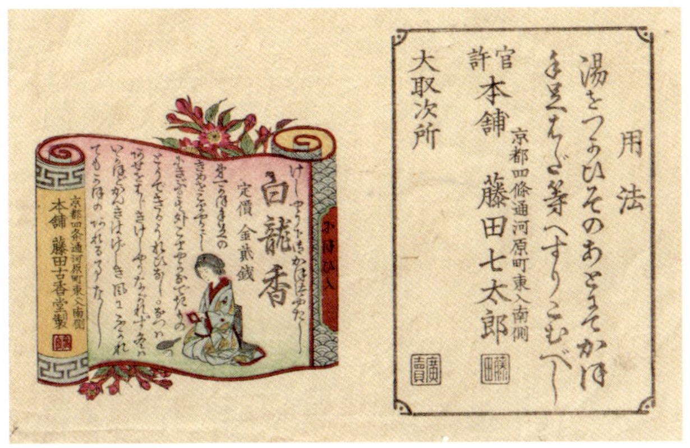

白龍香／藤田古香堂／55×160

丁子香／103×78

丁子白粉／紅谷廣行堂／127×85

薫賞白粉／大阪玉樹／132×89

ちごさくら／榊みよし野園／181×122

やまと錦／浪華仁壽堂分店／H78（瓶）／NB

やまと錦／仁壽堂分店／H58／JK

冨士の雪水おしろい／寶香堂／H65／NB

浪花香粉／アイオイ堂／H113（瓶）／NB

うら梅／伊東鬼外堂／H77／NB

四季の友（便利白粉）／百済堂／H85／JK

佐保姫水おしろい／H95（瓶）／山田篤三／YM

東洋美人／H85／NB

透明おしろいベルベット／東京百花堂／H85／YM

おしろいした 美人乙女／薫香堂／156×115×55／NA

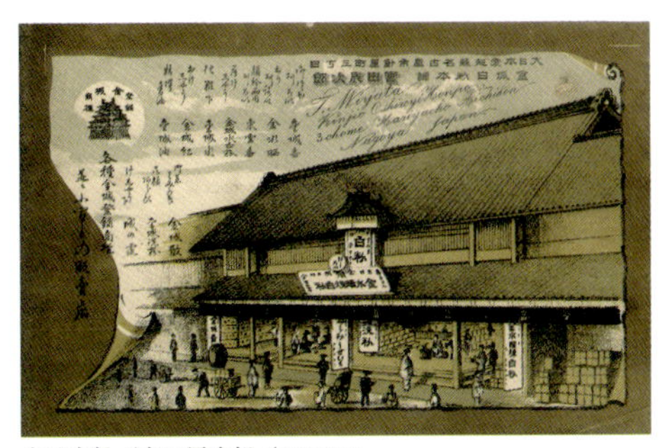

金城白粉／宮田辰次郎／98×153

みやこ紅／西田清左衛門

ばら麝香製御紅おしろい きん花／錦花堂／Φ61×H123／NA

明治時代の古典的化粧の基本である紅と白粉がセットになった2段積みの磁器容器。

【すみれの香り】

明治後期には、すみれの香りが流行した。これは欧州ですみれの花の香りを持つ合成香料が発見され、天然ものの代わりに商品に応用されることにより価格が手軽になったためである。香水だけではなく、香油や白粉にも応用された。商品名や社名にも、すみれが好んで使われた。代表的な商品は以下の通り。

寿美禮おしろい、寿美禮香水（寿美禮堂）
都すみれ（山口號）
スミレ香水、スミレ香油（平尾銑也）
香油ゐづつ寿美禮（井筒香油店）など

都すみれ／山口號／H68

壽美禮水おしろい／伊勢吉壽美禮堂／H113

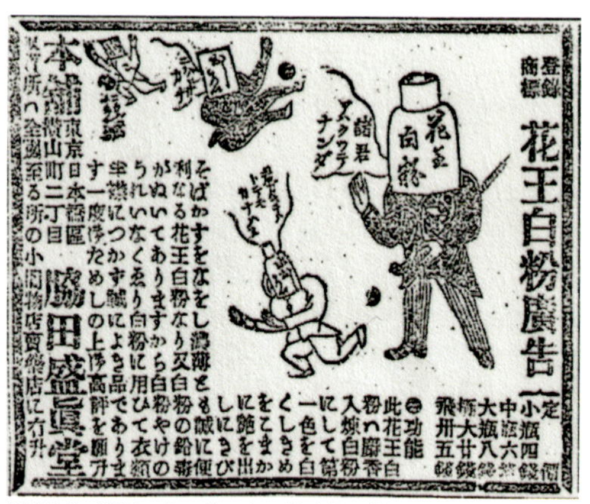

新聞広告（明治28年12月3日）／東京朝日新聞

花王白粉／脇田盛眞堂／H45

花王白粉／脇田盛眞堂／H46

【花王白粉】

花王白粉は大阪の脇田盛眞堂より、明治25年（1892）頃に発売された麝香入り煉白粉である。新聞広告も盛んで、上掲の広告は花王白粉の出現で他の白粉が尻尾を巻いて逃げているという滑稽なポンチ絵である。

脇田盛眞堂は白粉の製造元であるとともに、田中花王堂（田中吉兵衛）、柳下藤五郎商店などと並ぶ有力な化粧品問屋でもあり、業界に強い影響力を持っていた。

またどういうわけか、明治中期にかけて「花王」という名称を用いた商品、店舗が以下のように相次いでいる。

明治8年　花王散（歯磨）保全堂（波多海蔵）
明治21年 化粧品問屋、花王堂創立（田中吉兵衛）
明治23年 花王石鹸（長瀬富郎商店）
明治30年 花王洗粉（大野金誠堂）
明治後期　花王油（寺沢）

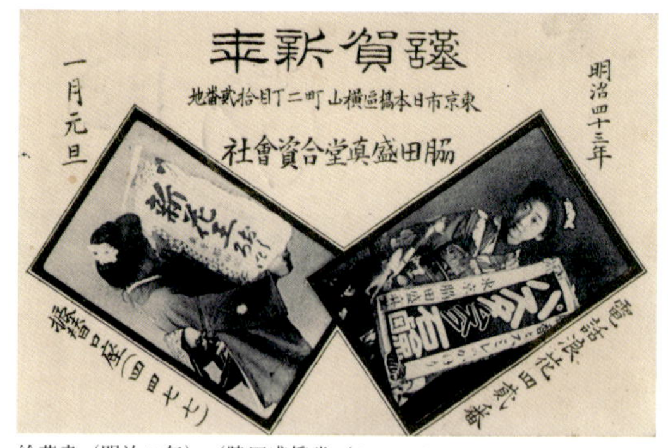

絵葉書（明治43年）／脇田盛眞堂／91×140

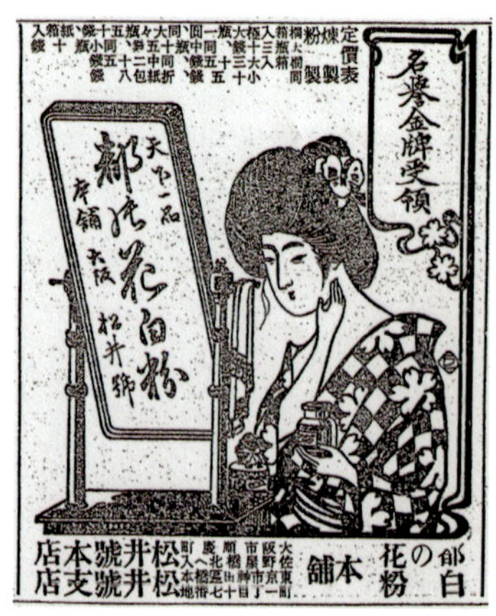

新聞広告（明治39年3月12日）／東京朝日新聞

都の花／松井號／85×62

都の花／松井號／149×87

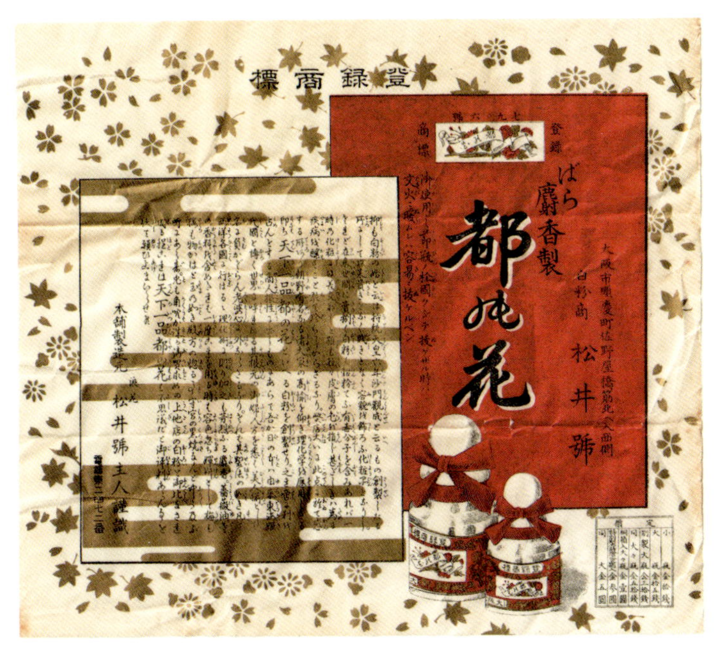

都の花のちらし／松井號／172×196

都の花／大阪松井／JK

都の花／松井號／H90

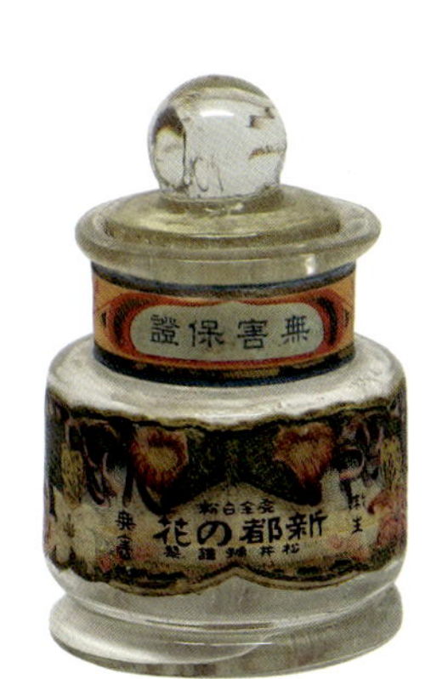

新都の花／松井號／Φ36×H57

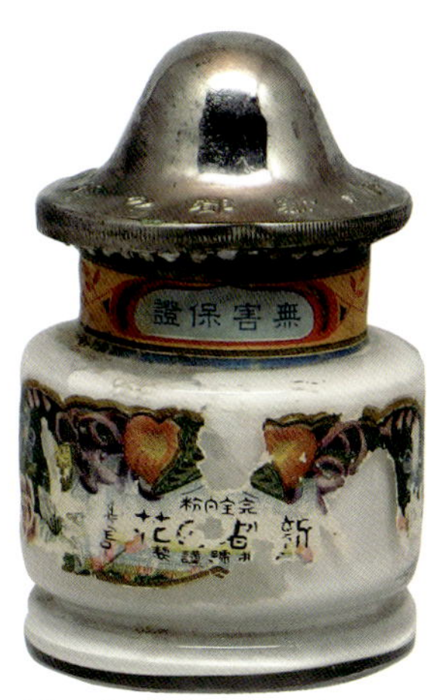

新都の花／松井號／H70／NB

【都の花白粉】

松井號の「都の花」は、仁壽堂分店の「やまと錦」、脇田盛眞堂の「花王白粉」などと並び、明治時代に大阪を代表する白粉であった。明治中期には、「天下一品白粉大王」との触れ込みで新聞広告にも盛んに登場する。店主は、松井末次郎であったが、人物像などの詳細は不明である。大正8年（1919）に没している。店名の「號」は「号」の旧字体で、商号を示す接尾語として、当時の屋号に良く使われた。他にも山口號や中村號なども存在した。字体は、「號」（明治中期）→「號」（明治後期）→「号」と変化する。

同時期に、東京荘園堂から同名の麝香ねりおしろい「都の花」が発売されており、こちらも人気を博していたようであるが、松井號のものとは別物である。また、「都の花石鹸」の野村外吉とも別組織である。

【御園の無鉛白粉】

江戸時代から明治にかけての白粉には鉛が含まれていたため中毒を発症する場合があった。特に白粉を常用する歌舞伎役者に慢性中毒者が多く、手足を失った沢村田之助の壮絶な舞台や、中村福助の天覧歌舞伎での足の震え事件（明治20年）などが象徴的な例として伝わっている。更に鉛中毒は本人だけに留まらず、母親を経由して子供に及び、脳膜炎に似た症状を引き起こすことがあった。このような鉛害は、明治の初め頃から認識されていたようで、無鉛白粉の開発に多くの研究者が取り組んでいた。無鉛を標榜する商品は、早くは明治11年（1878）に、「花の宴」、「玉芙蓉」という商品が発売され、その後、明治20年代の後半から続々と登場した。しかしながら、肌への付着力が優れ、伸びの良い鉛白粉にかなうものはなかなか誕生しなかった。

そのような中で成果を上げたのは、パリ留学の経験がある化学者、長谷部仲彦である。彼は失敗を重ねながら10年近い苦心の結果、無鉛白粉を発明した。彼の発明品は明治33年（1900）に皇太子ご成婚の際に献上された。その後、幕末の蘭方医、伊東玄朴の三男、伊東栄によって事業化され、更には販売面で三輪善兵衛と提携し、明治37年（1904）には「御料御園白粉」と銘打ち「製造元胡蝶園、販売元丸見屋商店」として発売された。胡蝶は、福助の中村家の家紋と長谷部家の裏紋が揚羽蝶だったことから名付けられ、後に伊東を冠して「伊東胡蝶園」となる。この画期的な商品は、鉛毒に悩まされていた人たちから圧倒的な支持を得て、たちまち白粉業界を席巻した。その様子を、平尾賛平商店五十年史では次のように伝えている。「其の品質の優良と廣告術の功名とは忽ちにして其の頃迄存し居たりし有鉛白粉、倭錦、都の花、壽美禮、花王、水晶、たつた、等を一蹴し去りたるは當然の事にして（中略）、御園白粉は独り白粉界を闊歩する概ありき。其の頃前後して製造されし長瀬の赤門、井出の百合、佐々木のローヤルなどの無鉛白粉も、御料を標榜し梨園界を利用せし御園白粉の隆々たる聲望にし得べくも非ず」

その後は、明治40年前後から、「大學白粉」、「レート白粉」、「クラブ白粉」など、良質の無鉛白粉の商品化が相次ぎ、市場へのPRと販売活動が活発化した。しかしながら、旧来の鉛白粉も、使い勝手の良さから根強い需要があり、販売が続けられた。明治33年（1900）に禁止令は出されていたものの例外規定により実施は見合されており、結局、省令により販売禁止となるのは、昭和10年（1935）であった。

ねり製御園白粉

御園はき白粉

楽屋づかい御園固煉白粉

粉製御園おしろい

御園水白粉

御園白粉各種／胡蝶園／御園文庫・化粧十則より（明治42年）

御園白粉／伊東胡蝶園／H 57

御園固煉白粉／伊東胡蝶園／Φ 64×H 32

御園の月／伊東胡蝶園／H 120

御園の花／伊東胡蝶園／140×95

【白粉の種類】

明治後期から大正時代にかけて、女性の職場進出や洋装化に伴い、化粧も西洋の影響をより強く受けるようになり、その方法も多様化した。和装用の厚化粧に加え、洋装に合う、薄化粧、早化粧などがTPOに合わせて使い分けられるようになった。白粉の形態も細分化され、その種類は以下のように大別される。

・(煉)白粉　当時の一般的な厚化粧に用いたペースト状白粉。化粧水で溶き使用
・固煉白粉　煉白粉より濃度が濃く、主として襟部分の化粧に使用
・水白粉　薄化粧や早化粧に手軽に使用出来るようにした水溶タイプ
・粉白粉　薄化粧や早化粧時の基本品。また厚化粧時の仕上用
・紙白粉　化粧崩れを直すため、外出時に携帯
・クリーム白粉　クリームと白粉を合体したもの。昭和初期から発売

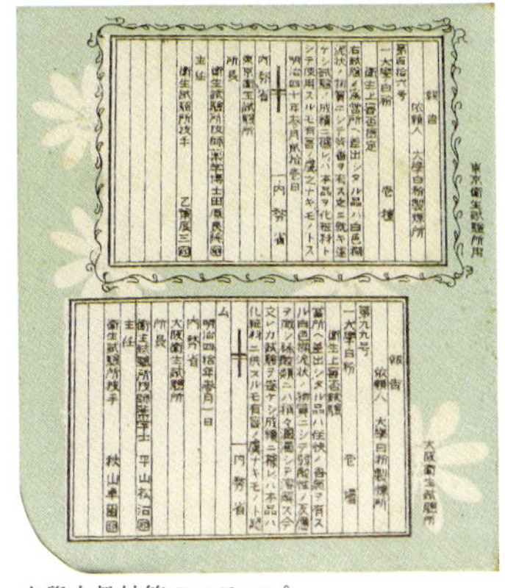
大學白粉外箱のフラップ

大學白粉／H63（瓶）（外箱と容器は発行年別物）

【大學白粉】

大學白粉は明治の末、御園白粉に唯一対抗できる有力品であった。平尾賛平商店五十年史では「唯（明治）三十八年大阪における無鉛白粉の魁となり、販売されし大學白粉のみ、関西に於いて僅かに（御園に）抗し得たり」と伝えている。外箱の内フラップには、東京および大阪衛生試験所から製造元の大學白粉製煉所あてに発行された、無毒である旨の検査報告書（明治40年発行）が印刷されている。有名な矢野芳香園（矢野順造）の扱い商品となるのは、明治42年頃と思われる。御園白粉が御料として皇室御用達をPRしたのに対し、大學白粉は女学生向けに安全な白粉の利用を勧めた。また両社は俳優、芸妓を宣伝に使ったり、付録付特売品や招待会の開催などでも競い合い、「御園対大學」ともてはやされた。大正時代に移ると主力ブランドの無鉛化が整い、白粉界は、御園、レート、クラブ、美顔の四強の時代となる。

新つや錦白粉／山口號／H50／NA

花學白粉／H59／NA

むつのはな／泉勘／H87／NA

音羽菊／山崎帝國堂／H57／NB

レービ白粉／松壽園／H73／NB

錦乃花／大阪中村號／H78／NA

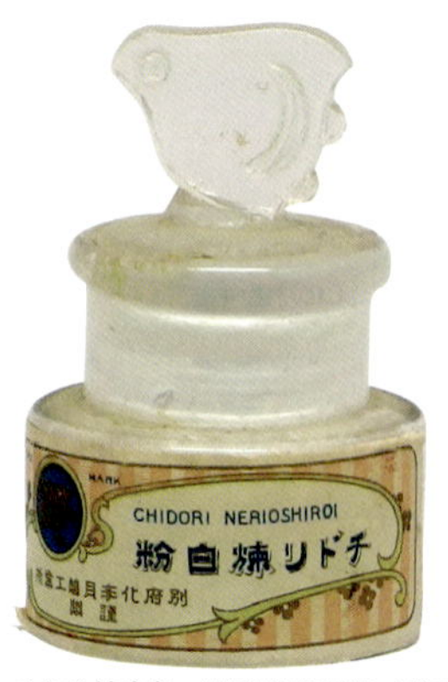

チドリ煉白粉／別府化李貝鷗工業所／H72／NB

花ブーケ煉白粉／K.K&COMPANY／H58／NB

七色粉白粉／資生堂／55×55×34

【資生堂の有色白粉】

有色白粉の先駆は資生堂である。それまで白色が常識だった白粉の世界に「はな白粉（肉色）」と「かへで白粉（黄色）」を明治39年（1906）に発売した。それに続き、大正6年（1917）には、多色白粉「着色福原白粉七種（後の七色粉白粉）」を、白色、薔薇色、牡丹色、肉黄色、黄色、緑色、紫色のラインナップで商品化している。当時としては、極めて独創的な商品で市場性も未知数であったが、使用者の肌の色との色彩的な相性等によって使い分けられるようになった。パッケージも独特で、当時円形容器が主流の中、あえて八角形とし、商標が大きく金色で印刷された。

チャンピオンはき白粉／Φ72×H38／NB

明光しあげ粉白粉／秋月三日月堂／Φ72×H30

風鳥 はき白粉／宇野商店／Φ72×H21

オリヂナル粉白粉／安藤井筒堂／Φ71×H25

サーワ粉白粉／東京丸見屋商店／Φ62×H27

きうりはき白粉／Φ64×H51

ラブミー光端色粉白粉／奥住商店／Φ70×H27

ウテナ粉白粉／久保政吉商店／Φ69×H26

カガシ粉白粉／丸善化粧品部／Φ66×H30／NB

環翠／北勝堂／Φ62×H30／NA

純無鉛粉白粉／松坂屋／Φ66×H33／NA

資生堂粉白粉／Φ82×H31

オカップ粉白粉／平尾喜三郎商店／Φ71／JK

月の友固形パクト／Φ76×H22／NB

ローレル粉白粉／太田栄治郎商店／
Φ72×H27／NB

テルミーカラートーンメイキャップ／
大東化学工業所／Φ68×H23／NB

ロータリー粉白粉／Φ65×H34／NA

ローヤル粉白粉／佐々木商店／
Φ67×H31

タンゴドーラン／宇野達之助商店／
Φ74×H26

タンゴドーラン／宇野達之助商店／
Φ69×H21

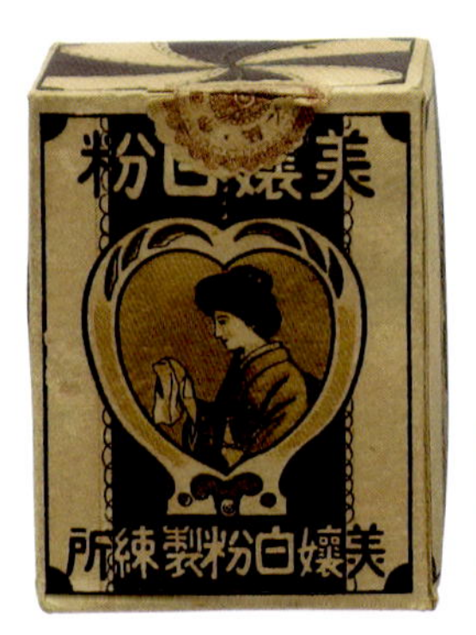

美孃白粉／美孃白粉精練所／H55（瓶）

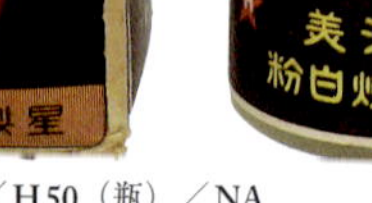

ホシ美煉白粉／星製薬／H50（瓶）／NA

カガシ固煉白粉／Φ61×H25／YM

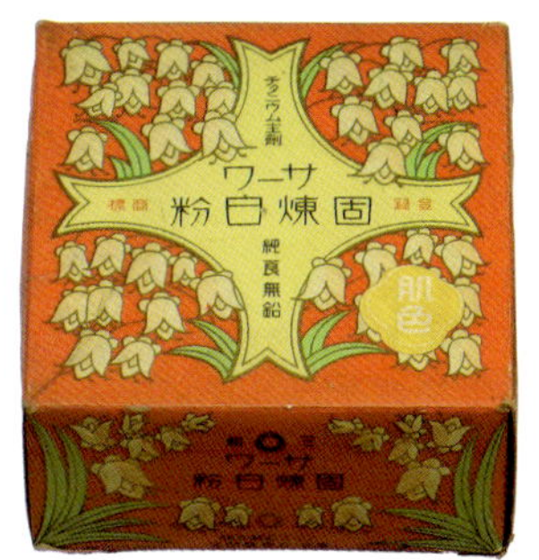

サーワ固煉白粉／東京丸見屋商店／Φ65×H26（瓶）

カガシ固煉白粉／丸善化粧品部／Φ66×H30／NB

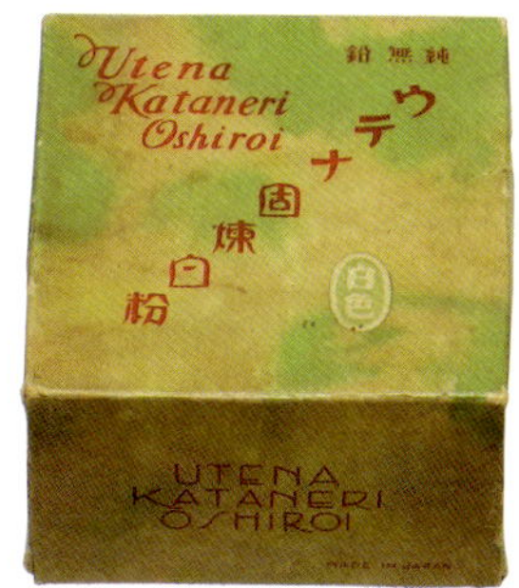

ウテナ固煉白粉／久保政吉商店／Φ60×35（瓶）

フランス固煉白粉／Φ67×H30／NB

女優固煉白粉／Φ66×H29／NB

チャンピオン固煉白粉／Y.A&Co／Φ68／JK

ヤハタ固煉白粉／ヤハタヤ號／Φ70×H31／JK

チャンピオン固煉白粉／Φ73×H34／JK

女學固煉白粉／MO.&Co／Φ69×H32／JK

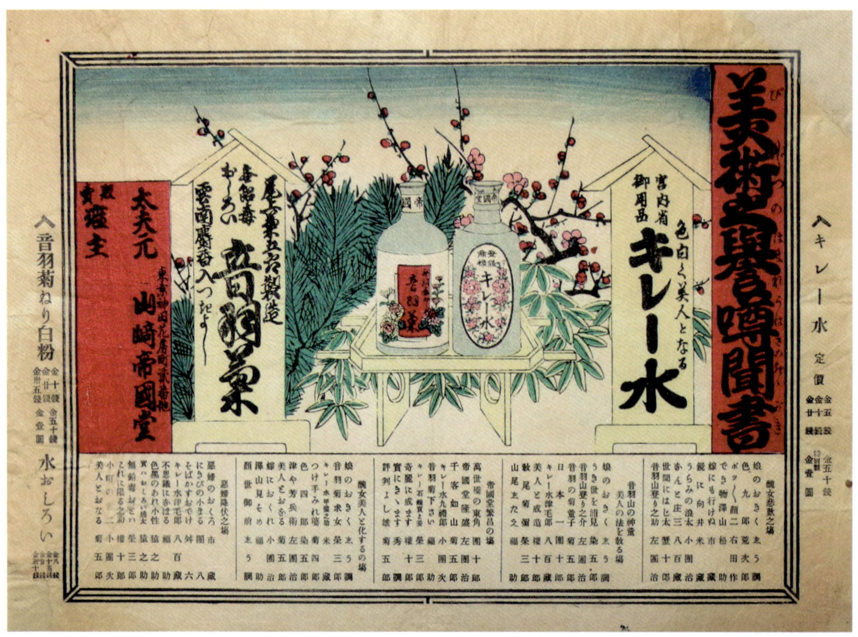

キレー水のチラシ／山崎帝國堂／250×348

【明治、大正の化粧水】

化粧水は、江戸時代に式亭三馬が発売した「江戸の水」や、野いばらを蒸留した「花の露」という商品があり、明治に入っても売られていたが、そこに平尾賛平商店より「小町水」が、明治11年（1878）に売り出された。硝子容器に入った近代的化粧水の始祖である。その後、ローヤル水（佐々木商店）、二八水（長瀬富郎）、キレ―水（山崎帝國堂）、キメチンキ（土屋國次郎）、テキメン水（田中花王堂）などが発売され、明治30年頃には各社の新聞広告が紙面をにぎわせた。これらはいずれも透明化粧水であり、品質に大きな差は無かったようである。用途は肌への栄養補給、白粉下としての利用、煉白粉の溶き液などであった。

明治の終わりには、乳白化粧水レートが明治39年（1906）に発売され、濃厚乳白が人気となった。桃谷順天館は廉価な化粧用美顔水を発売し市場の占有率を上げ、御園の四季の花も健闘した。大正時代にはヘチマコロンが天野源七商店より発売され人気を得た。他に、美乳、ホーカー液、ゲンソ液、美顔ユーマー、クラブ乳液など、多彩な商品で市場はにぎわった。

キレー水／山崎帝國堂／H107／NB

キレー水／山崎帝國堂／H105

キメチンキ／土屋國次郎／H131／NB

ばらの花／須田旭昇堂／H118／NB

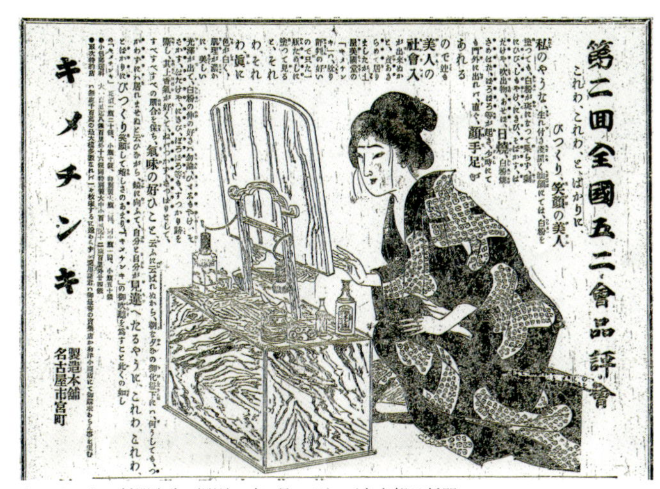

キメチンキの新聞広告（明治32年1月24日）／東京朝日新聞

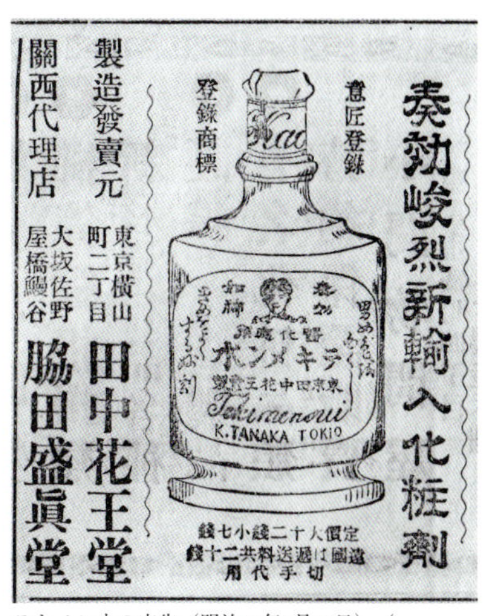

テキメン水の広告（明治29年2月20日）／東京小間物商報第十七號

小町水／三橋兎喜次郎／H75

パール水／東京改良堂／H123

廓の粧／吉田静雅堂／H117

レコード化粧水／松壽園／H128／NB

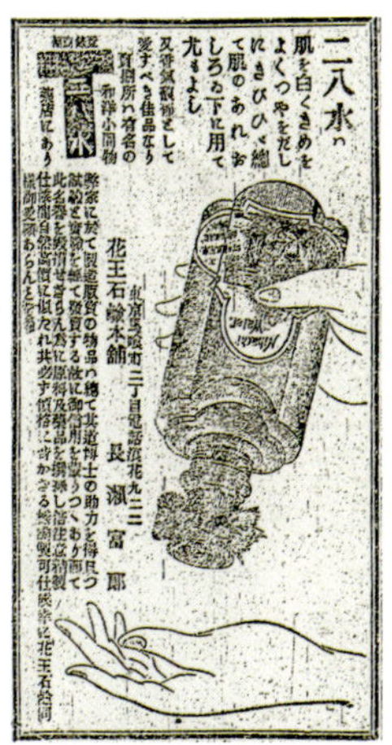

新聞広告（明治33年12月25日）／東京朝日新聞

二八水／花王石鹸本舗長瀬／H119／NB

【二八水】

長瀬富郎が石鹸、歯磨に続く商品として、苦心の研究を重ね考案したのが化粧水「二八水」である。明治33年（1900）に発売された。16歳の娘盛りの女性をイメージして命名されており、瓶も他社にない特徴的な形状をしていた。明治後期に好評を博し、大正2年（1913）まで販売された。

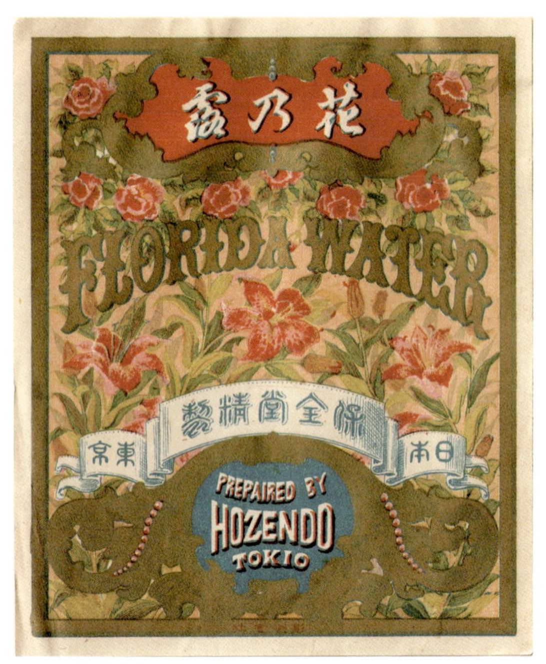

花乃露／保全堂／118×99

玉乃肌／山崎帝國堂／83×50×50／NB

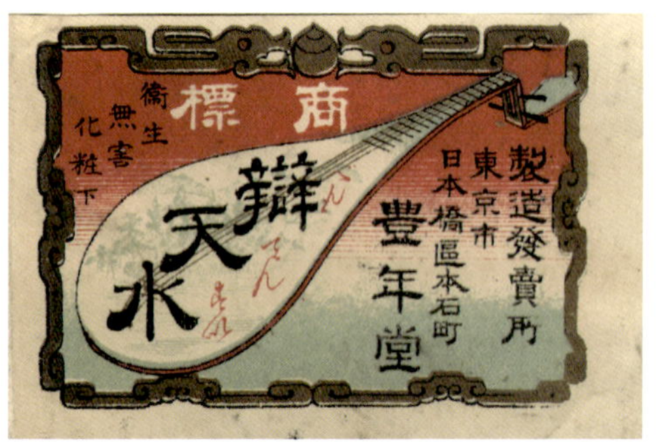

辯天水／豊年堂／48×71

御園四季のはな／伊東胡蝶園／H160（瓶）

ゲンソ液／松本槇次郎／H103

ラヂユム液／平尾銑也／H104

ホシ美液／H103

ホーカー液／堀越嘉太郎／H95

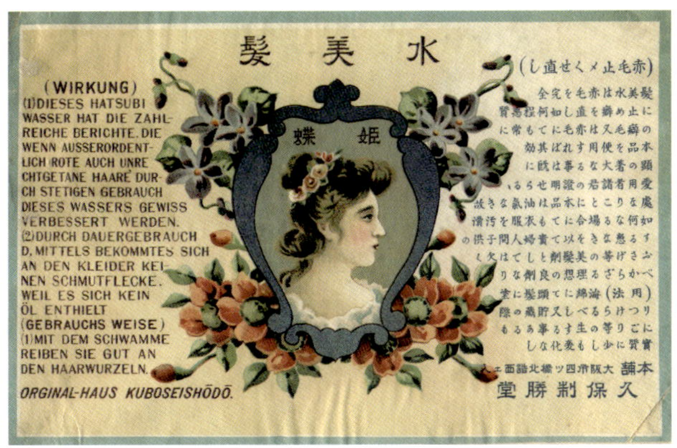

髪美水／久保制勝堂／99×162

【西洋美人】

化粧先進国の欧米への強い憧れからか、パッケージデザインに西洋美人をあしらった日本製品も多い。舶来品をそのまま模倣したと思われるものも散見される。
ちなみに輸入先は、香水香油類で見ると、明治41年（1908）当時、フランスがトップで全体の輸入総額の45%、イギリス、ドイツがそれぞれ20%、米国が10%となっている。

美乳／矢野芳香園／H120（瓶）

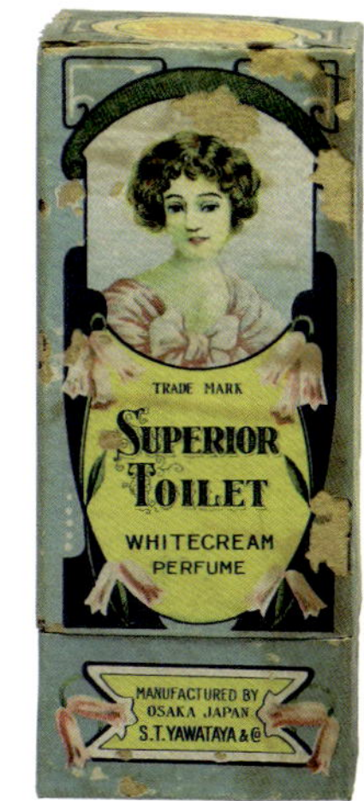

美人液／S.T.YAWATAYA／H130（瓶）／NB

ピカソ粉白粉／ピカソ美化学研究所／
Φ73×H26／NA

ピカソ粉白粉／ピカソ美化学研究所／
Φ81×H23／NB

ピカソ水白粉／H108／JK

【ピカソ化粧品】

ピカソ美化学研究所は、昭和10年（1935）に八木常三郎により創業され、商品の独特のセンスと品質によって多くの愛用者を得た。左掲の女性のイラストは、普遍的な美人の要素である長い睫毛と柔らかくカールした頭髪を強調することによって、女性の美と愛情を表現したもので、創業時より商標として使用された。社名のピカソは、「美しく化する素」に由来している。

【クリーム】

日本のクリームの元祖は近江屋善次郎が発売した「花いかだ」という商品と言われる。貝の容器に入れられていた。明治20年（1887）には、日本で初めてのコールドクリームが大日本製薬より発売された。但し明治時代は舶来品が優れており、「ポンピアン・マッサージクリーム」がその代表であった。国産が本格的に登場するのは、明治の末になってからである。明治41年（1908）に長瀬富郎が独自の製法でバニシングクリームを発明。同年、胡蝶園からは、御園クリームが発売された。更に明治42年（1909）に平尾賛平商店より「クレームレート」が、翌明治43年（1910）には中山太陽堂より「クラブ美身クリーム」が登場した。大正期には各社の品揃えが進み、特に大正7年（1918）に資生堂より発売されたコールドクリームは、資生堂の名を一躍高めたと言われる。
そして、昭和にはクリームの三種の体系が確立された。即ち、無脂肪のバニシング、中性のハイゼニック、脂肪性のコールドである。ウテナ（久保政吉商店）は、昭和2年（1927）から昭和3年にかけて、雪印（バニシング）、月印（ハイゼニック）、花印（コールド）のラインナップを揃えた。用途としては、肌荒れ止めや日焼け止め、化粧の下地の他、美白用、肌への栄養補給、マッサージ用などであった。ベタベタせずに良く伸びるものが好まれた。

アイデアルフェイスクリーム／高橋東洋堂／H67／NA

プリンス洗顔用クリーム／S. KAJITA／H63／NA

御園クレーム／伊東胡蝶園／H54／NB

カガシクリーム／H65

レモンクリーム／H80／NB

クリーム白粉／H67／NB

サカエクリーム／H60／NA

ウテナバニシングクリーム／H42

マスターバニシングクリーム／H56

コクレーバニシングクリーム／H65／JK

ホワイトマスター／尚美堂／H55（瓶）／NA

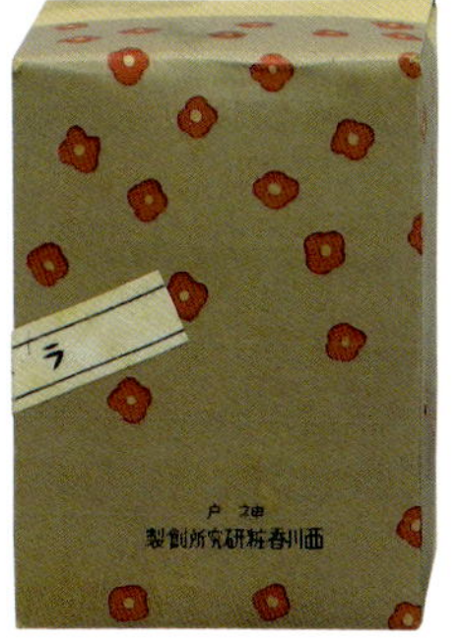

ラ・クータン／西川香粧研究所／H83（瓶）／NB

ヘチマクリーム／天野源七

【マスター化粧料】

パルタック八十年史によるとマスターは、桃谷順天館の副支配人として活躍した阪本一郎によって、大正12年（1923）に創設されたとされる。翌大正13年に、小口美容研究所と提携し、化粧水や香水をマスターの商標で発表した。昭和初期にかけて急成長した会社である。

マスターバニシングクリーム／尚美堂／H57（瓶）

柳屋バニシングクリーム

ウテナバニシングクリーム

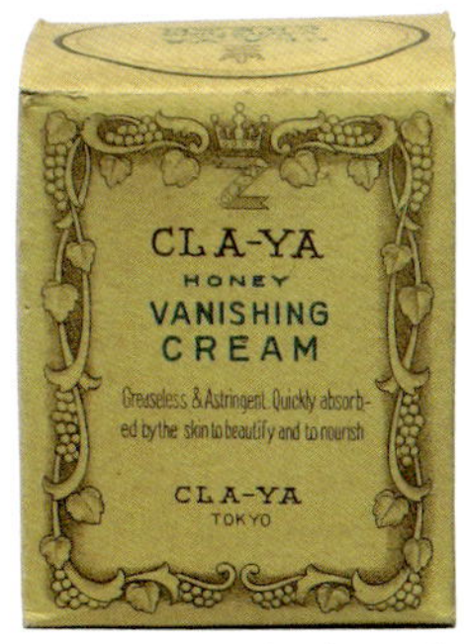

クラヤバニシングクリーム／H70（瓶）／NB

マスターバニシングクリームの大箱／尚美堂／126×193×73

【香水】

明治の初期から香水は石鹸とともに、西洋のかぐわしい香りを届けてくれるものとして舶来品が尊重された。主に本場フランス製の香水が、神戸などから輸入され、輸入雑貨商により全国に届けられた。明治20年代には、ドイツで合成ムスクが発明され、人造麝香入りの商品も登場した。

当時、フランスのロジャー、リゴード、ピノーなどの有名銘柄が輸入されていたが、その内、リゴード社のものを大阪の輸入業者、大崎組が輸入一手販売していた。大崎組は、大崎代吉によって明治20年前後に創業された商社で、香水の輸入は明治33年頃に始まった。当初輸入品を「鶴香水」として販売をはじめ、その後、高級品には「金鶴香水」と名付けた。その後、徐々に原料だけの輸入にシフトし、国産化を進めた。商標に選ばれたのは、飛揚する丹頂鶴と松である。金色で印刷された日本的な意匠は印象深い。

大崎組は昭和2年（1927）に不況の直撃を受け、倒産を余儀なくされた。その業務を引き継ぐ形で設立されたのが金鶴香水株式会社である。のち昭和34年（1959）に丹頂株式会社、昭和46年（1971）に株式会社マンダムへと社名変更された。

人造麝香水／東京松田／H47（瓶）／NB

鶴香水／仏リガード社（輸入大崎組）／H93（瓶）／JK

金鶴香水／大崎組／H53／JK

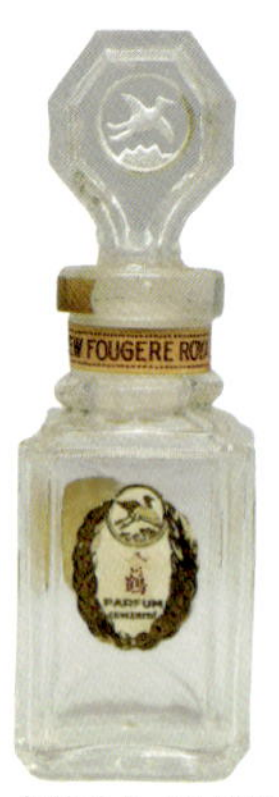

金鶴香水／大崎組／H87

金鶴香水／H74

金鶴香水／大崎組／H67／NA

サギ香水／HeronRoyale／H84（瓶）／JK

ホシ美ローズ／星製薬／H76（瓶）／NB

月の友五百番香水／H96（瓶）／NA

六百番香水／S.O.&Co／H94／NA

ポケット香水／資生堂／H54／NB

ウーピ香水／安川化学研究所／H65（瓶）

ムスク香水／松澤常吉／H61

オシドリ／YA&Co PARIS／H57／JK

風鳥香水／H51（瓶）／NB

【ムスク香水】

明治時代、舶来品が大勢を占める中、国産品として貢献したのが松澤常吉商店のムスク香水である。日露戦争の前、明治34年（1901）に発売された。人気にあやかって、市場には模倣品も多く登場したようである。

アイデアル八百番香水／高橋東洋堂／H80／NB

アイデアルシープル三番香水／高橋東洋堂／H79

カガシ香水／H58／NA

伊勢丹香水／H78／NB

ROYAL BOQUET／G.SASAKI／H 118／NB

ROSE Perfume／MAMEZO／H 160／JK

365／KAWAKOE Co／H 92／JK

スケート香油／GIFUYA／H 87

ショーケイベイラム／SHOKEI／H 152

アイデアル三百番オーデコロン／高橋東洋堂／H 143／NA

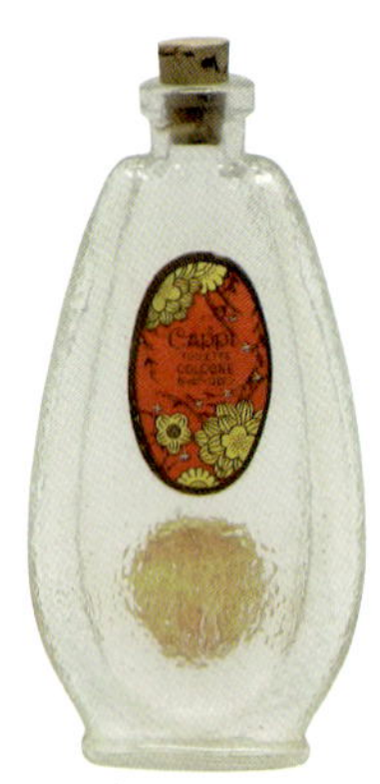

カッピーコロン／H 108

LOTION POMPEIA／L.T.PIVER PARIS／H 147／JK

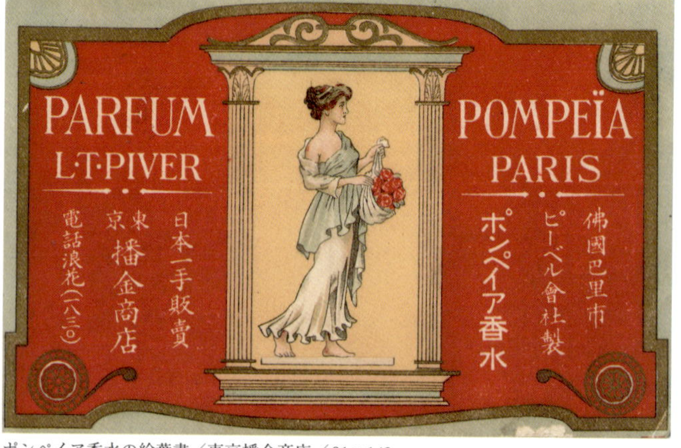

ポンペイア香水の絵葉書／東京播金商店／91×142

明治時代より、フランスから輸入され、東京播金商店より国内販売された。

艶錦／蛭子源／Φ59×H24

都乃はな（髪のつや出し）／Φ66×H30

ホーカー美髪液／堀内嘉太郎／NA

千代田香油／ヤマギシ／NA

すみれ香油／中忠／NA

國椿／H92／NB

金鳥椿香油／J.TANAKA
／H104／NA

金鈴香油／林原化粧品部／NA

資生堂ヘアオイル／H63／NB

椿油／FUJIKIN／H93／NB

【ポマード】

男性の短髪化に伴い、明治の後半から国産のポマードが発売され始めた。当初は動物性や鉱物性のものが多く品質もあまり良くなかったが、大正中期には植物性が開発され改良が進んだ。出始めの頃は鉱物性に比して匂いが落ちるなどと受けが良くなかったが、植物性の優位点が浸透すると徐々に台頭してきた。
大正7年（1918）に井田京栄堂が発売したメヌマポマードや、大正9年（1920）に柳屋が発売した柳屋ポマードが評判となった。特にメヌマポマードは、宣伝、新聞広告掲載などのPRも功を奏し、その後ポマード界を風靡した。

メヌマポマード／井田京栄堂

メヌマポマード／井田京栄堂／H50

ポマドリン／資生堂／H45

アイデアルポマード／高橋東洋堂／Φ60×H67／NA

ホシ美ポマード／星製薬／H54／NB

ポマードチック／ユウビ堂／73×113

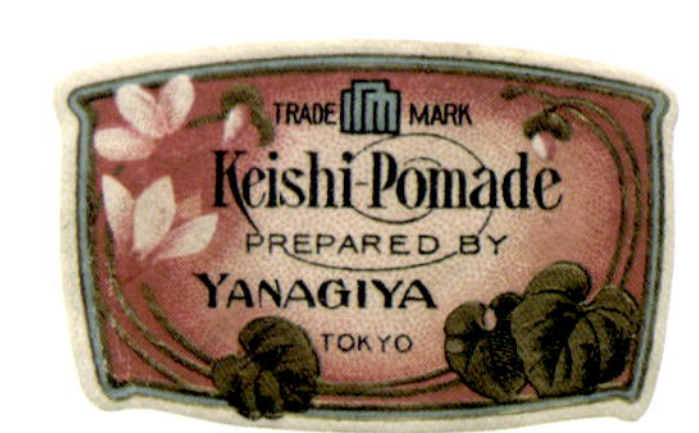

ケイシポマード／柳屋

【加美乃素】

加美乃素本舗により開発され、高橋盛大堂から発売されていた「加美乃素」。日本の養毛剤を牽引してきた商品である。加美乃素本舗は、神戸に明治41年（1908）に創業、加美乃素を商品化したのは、昭和7年（1932）である。社長である敷捨多郎氏が長年研究を重ね、ようやく商品化に成功したと言われる。商標に使われている、大国主命と兎の図は、ワニザメに毛をむしり取られた兎を大国主命がもと通りにさせた古事に基づくもので、社長の信仰心が元になっている。

加美乃素／高橋盛大堂／H14（瓶）／JK

【大正、昭和初期に活躍した化粧品メーカー】

社名	創業	創業者	化粧品ブランド、商標
紅屋 → 柳屋	元和1年(1615)	呂一官(ろいっかん) →外池家が継承	柳屋(江戸期～)
伊勢屋半右衛門(伊勢半)	文政8年(1825)	澤田半右衛門	キスミー(大正期～)
丸見屋商店	万延1年(1860)	三輪善兵衛	ミツワ(明治43年～)、サーワ(昭和6年～)
資生堂	明治5年	福原有信	資生堂(明治30年～)
平尾賛平商店	明治11年	平尾賛平	小町(創業～)、日本美人、レート(明治39年～)
天野源七商店	明治15年	天野源七	ヘチマコロン(大正4年～)
桃谷順天館	明治18年	桃谷政次郎	美顔(創業～)、明色(昭和7年～)
森商店→安藤井筒堂	明治25年	安藤福太郎	オリヂナル(明治41年～)
高橋東洋堂	明治26年	高橋志摩五郎	アイデアル(大正12年頃～)
丸善化粧品部→カガシ化粧品本舗	明治30年代?		カガシ
平尾分店→平尾銑也商店	明治30年代?	平尾銑也	パール、スミレ
中山太陽堂	明治36年	中山太一	クラブ(明治39年～)
伊東胡蝶園	明治37年	伊東栄	御園(明治37年～)、パピリオ(昭和10年～)
星製薬	明治39年	星一(はじめ)	ホシ美(大正13年～)
矢野芳香園	明治30年代	矢野順造	大學(明治42年頃～)
中村信陽堂	明治40年	中村重雄	オペラ(大正6年～)
田端豊香園	明治40年	田端豊吉	カッピー(昭和7年～)
堀越二八堂→堀越嘉太郎商店	明治42年	堀越嘉太郎	ホーカー(明治44年～)
北野化粧品部	大正8年	川端邦四郎	ホーメイ(大正10年～)、ロビン(戦後)
久保政吉商店	大正12年	久保政吉	ウテナ(大正12～)
マスター化粧品、尚美堂	大正12年	阪本一郎	マスター(大正13年～)
橘屋化粧品部→月の友化粧園	大正期?		月の友(大正13年頃～)
三香堂	大正15年	佐々木梅治	オパール(大正15年～)、パール(姉妹品)
金鶴香水→丹頂→マンダム 前身は大崎組(明治20年頃～)	昭和2年	西村新八郎(昭和5年～)	金鶴、丹頂(昭和2年～)
ポーラ化成工業→ポーラ化粧品本舗	昭和4年	鈴木忍	ポーラ
大東化学工業所	昭和5年		テルミー(創業～)
ピカソ美化学研究所	昭和10年	八木常三郎	ピカソ(創業～)

大正、昭和初期に活躍したおもだった化粧品メーカーの会社名と創業年、創業者を上掲リストにまとめた。
各メーカーの創業年などの詳細については、参考にする史料により多少のばらつきがあり、必ずしも正確ではない場合があることを了承いただきたい。いわゆる諸説ありの状況である。

中でも「カガシ化粧品」は、大正から昭和初期にかけてのメジャーな化粧品本舗であり、当時の新聞広告なども多く残されているが、その創立年、創立者など謎が多い。
大正頃のパッケージ(61ページ、63ページ)には、丸善化粧品部とあるので、その後、丸善から分離してカガシ化粧品本舗となったと思われる。
化粧品問屋の「パルタック八十年史」には、大正中旬のエピソードとして、以下のような記述がある。
「カガシ化粧品は、神戸丸善本舗の製造販売品で、総合化粧品であり品質も良く、名称も庶民的で覚えやすい云々」

【資生堂オイデルミン】

明治30年（1897）、資生堂は三種の商品で化粧品分野へ進出した。化粧水「オイデルミン」、ふけ取り香水「花たちばな」、すき油「柳糸香」である。オイデルミンは、ベルリン大学に留学経験のある、東京帝国大学教授長井長義の処方とされ、高等化粧料として上流層をターゲットにした。中の液体が赤ワインを思わせる鮮やかな色味をしていたので「資生堂の赤い水」の愛称で親しまれた。当時の化粧水の名称が、「小町水」、「美顔水」など和風名が主だったのに対し、オイデルミンはギリシャ語の「eu」（良い）と「derma」（皮膚）からなる造語で、欧風ネーミングは当時としては珍しかった。更に、ラベルに使用されている文字も欧文だけで日本語が使われておらず、西洋感覚が徹底して追及されている。当時から現在まで、受け継がれ発売されているロングセラー商品である。

オイデルミン／資生堂／H132／NB

オイデルミン／資生堂／H147／NB

オイデルミン／資生堂／H105

オイデルミン／資生堂／H133／JK

◎高等化粧水 EUDERMINE（一箱三本入金七十五錢）

「オイデルミン」（皮膚を艶美滑澤ならしむる高等の化粧料なれバ貴婦人令孃方の必要品にして第一顔手足等あれ性の人常に之を用ゆれバ皮膚を滑澤美麗ならしむるのみならず（にきび、そばかす）顔の小じわ等の生ずることなし

◎改良すき油◎改良びん附◎改良水油◎垢取香油◎ふけ取香水◎含嗽水◎髭揃油◎ねりおしろい◎煉歯磨

◎其他舶來上等香水上等石鹸販賣仕候

處方調劑　藥品器械　衛生材料

東京市京橋區出雲町一番地

資生堂福原有信　電話新橋三三四番

新聞広告（明治31年11月10日）／東京朝日新聞

発売100年にあたる平成9年（1997）に、フランスのクリエーター、セルジュ・ルタンスのデザインによるモダンでスタイリッシュな新化粧液「オイデルミン（グローバル）」が、世界同時発売された。また同時期に発売当初の復刻版パッケージも発売された。

オイデルミン復刻品／資生堂／H143（瓶）／JK

オイデルミン（グローバル）／資生堂／H185／JK

【資生堂スタイル 宣伝マッチラベル】

大正4年（1915）に経営を受け継いだ、創業者の三男の福原信三は、欧米での見識をもとにデザインを事業の重要な戦略と考え、大正5年（1916）に意匠部を設立した。そこからは、山名文夫、前田貢、山本武夫などの優れたデザイナーが輩出され、彼らによる唐草模様、女性図案等のモダンなデザインは、資生堂独自の企業イメージを創出し、「資生堂スタイル」と呼ばれるデザインコンセプトを築き上げていった。宣伝マッチラベルにもその思想が反映されており、小さなスペースに描かれた女性図案や唐草模様は、モダンな雰囲気を醸し出している。

宣伝マッチラベル各種／資生堂／約36×約55（横長タイプ）

ウテナビューティクリーム／久保政吉商店／H81（瓶）

ポーラダルジャン／ポーラ化成工業／H86（瓶）／JK

レーム化粧水／レーム化粧料本舗／H117／JK

水月トイレット／HAMASHIMA／H123

慈光化粧の素／H128／NB

ホーメイレモードミルク／KITAO／H117／NB

ハクタカレモン／ハクタカクリーム本舗／H122／NA

アンナー水クリーム／H155／NB

アストリンゼントローション／資生堂／H143／NA

Mエンジ式美顔料／戸田園／
H183／NB

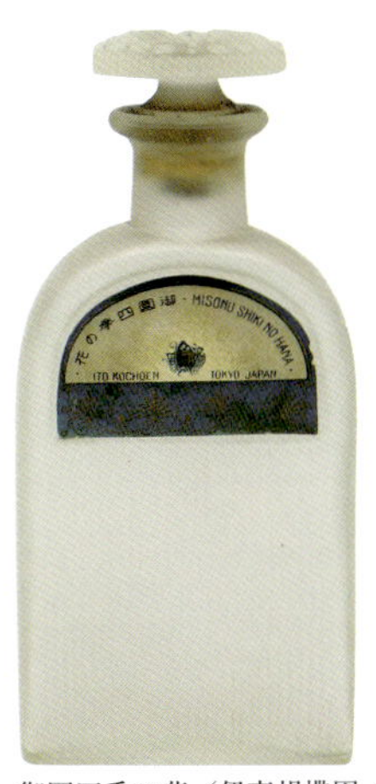

御園四季の花／伊東胡蝶園／
H128／NB

資生堂花椿水白粉／
H133／NB

アイデアル化粧料／
高橋東洋堂／H130／NA

御園チタニューム水白粉／伊東胡蝶園／H107（瓶）

マスター壱番化粧水／尚美堂／
H115（瓶）／NA

銀座水白粉／資生堂／
H130／NA

天美水白粉／H103／NA

クローバー水白粉／H126／NB

トンボ美人肉色白粉／イトウ
アサヒドウ／H120／JK

ラフラン白粉／フランス
パリ製／H98／NB

パピリオの包装紙／261×399

パピリオクレーム／伊東胡蝶園／H63／NA

パピリオクレーム／伊東胡蝶園／H60／JK

【パピリオ化粧品】

昭和10年（1935）、伊東胡蝶園より、「パピリオ化粧品」が発売された。それまでの御園ブランドからのイメージ転換である。パピリオとはラテン語で蝶のことで、胡蝶園の伝統を引き継いだ命名である。その洒落たブランド名と、フリーハンドで描かれた大胆なデザインは個性的でフランス風のユニークな企業イメージを生んだ。それらを企てたのは、洋画家の佐野繁次郎とグラフィックデザイナーの花森安治のコンビである。両名による洗練された商品デザインや販促宣伝活動は同社の躍進、スタイル形成に大いに貢献した。戦後、昭和23年（1948）には、伊東胡蝶園は株式会社パピリオと社名変更している。

パピリオクレーム／伊東胡蝶園／H58（瓶）／NA

資生堂商品詰め合わせ／NA

フィニシングオイル／資生堂／H85／NA

シラホ白粉下地／大阪神崎金陵園／Φ40×H10

コロンナ白粉下／三美堂／Φ44×H15

御園のつぼみ／伊東胡蝶園／Φ38×H12

銀座化粧脂取紙／資生堂／68×68

モダン脂取紙（表、裏）／資生堂／71×72

マスターホームパクト／尚美堂／Φ84×16

かづら印くろんぼ／村瀬商店／Φ57×H16

ドルックス頬紅／資生堂／Φ47×H18

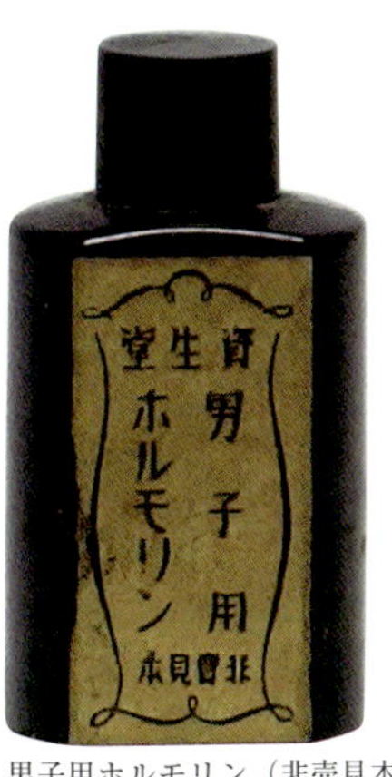

男子用ホルモリン（非売見本）／資生堂／H42／NA

二羽からす／水野商店／84×41×35

【パウダー】

パウダーは天瓜粉として古くから、あせもやただれを軽減する打粉として販売されていた。元々は、発売元の名前を付けて売られていたが、明治23年（1890）に創業された徳田商店（徳田多助）より発売された「あせしらず」が銘柄品としては嚆矢である。大正、昭和にかけて人気の高い商品であった。パウダーは和光堂のシッカロールが有名であるが、その発売（明治39年）より10年以上前から発売されていた老舗商品である。
現在も、商品名「新あせしらず」として、紀陽除虫菊株式会社が自社生産し、ロングセラー販売されている。

あせしらず／徳田多助／Φ66×H28／YM

あせしらずの絵ビラ／徳田多助／633×320

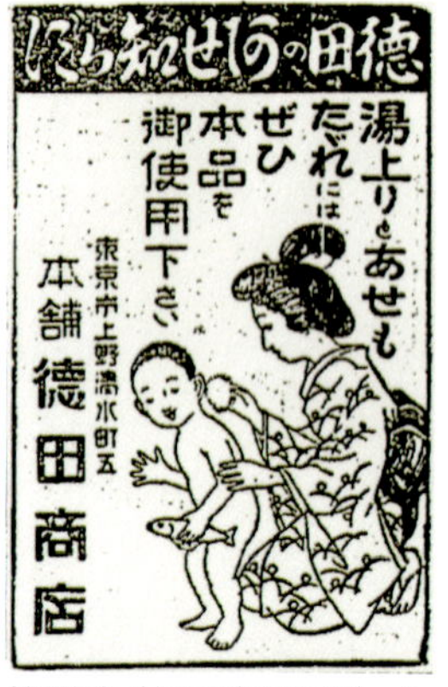

新聞広告（大正15年7月31日）／東京朝日新聞

あせ知らず／徳田商店／Φ70×H28

ニードバスパウダー／80×157×45／NA

モモトセ／成毛商店／Φ70×H35

花王タルカム／花王石鹸株式會社長瀬商會／Φ84×H61

資生堂タルカンパウダー／H117／NB

第4章

桃谷順天館

パッケージ大全

【正木屋から桃谷順天館へ】

桃谷順天館の歴史は、江戸時代から紀州で薬種商を営んでいた正木屋に始まる。初代は岩崎太郎左衛門（1631年没）とされ、代々徳川家の知遇を受け、庄屋という要職も担いながら粉河寺門前通りで、家業を続けていた。桃谷順天館の創業者、桃谷政次郎はその十代目、増次郎・しげ夫妻の長男として、文久3年（1863）に生まれた。家業発展に貢献すべく学校で近代薬学を学んだ政次郎は弱冠二十歳で家督を譲り受けた。彼は、当時政府の通貨引き締めによる物価暴落のため、窮地にあった家業を立て直すべく、まず新しい薬の創製に取り組もうと考えた。そのためには、権威のある学者に指導を受けることが信用の基礎を築くと信じ、帝国大学（現、東京大学）の櫻井郁次郎の門下で研究を重ねた。その結果、「なまづとり薬的中液」次いで「和春丸」の創製に成功し、販売を開始した。ほぼ同時期に、苦心と研鑽を重ねた「にきびとり美顔水」の商品化にも成功、明治18年（1885）に発表した。あわせて店名も「順天館」と改め、その年が創業年となる。更には、軍医の松本順の指導で「歯痛液」、「解熱丸（かいねつがん）」を創製、先の3品と合わせ、桃谷の五方剤として世間の知名度を上げた。

【社名の由来】

創業者、政次郎は学生時代、大阪天王寺で漢学を学んだ際、「この宇宙には創造したもうた方（天）がおられる、天に順うことは、つまり人々に奉仕することにつながる」との教えに感銘を受けた。順天という名称はそれにあやかったもので、現在も社名として引き継がれて、創業時のまま使用されている。

実際の社名の遍歴は、「正木屋桃谷政次郎」→「紀州粉河 順天館桃谷政次郎」→「桃谷順天館」と変わっていく。明治26年（1893）の正木屋の引札が残されているので、正木屋と順天館の屋号はしばらく並立していたと思われる。「桃谷順天館」が使用され始めるのは、明治41年（1908）頃からである。

正木屋の引札（明治26年）／曽和俊次氏蔵

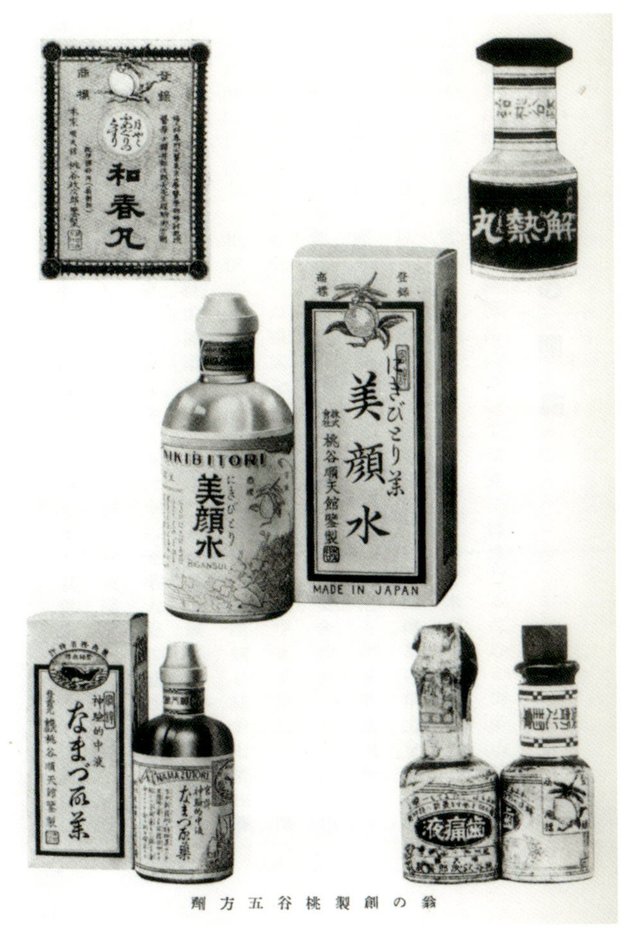

桃谷五方剤／「桃谷政次郎翁傳」より
※掲載されている商品写真の年代はばら付きあり

解熱丸の木製看板／698×237×25／MO

【商標について】

創業時に商標として「桃に蜻蛉」マークが採用された。桃は桃谷の桃であるとともに、桃谷の生家に代々伝わる仙人像が「長寿の桃」を手にしていることから、長寿の意味が含まれている。蜻蛉は、あきつとも読め、それが日本を表す古語であることから、日本を象徴する言葉として採用された。長寿の願いが込められている桃と飛翔する蜻蛉から「いいものをいつまでも国内外へひろめたい」という思いを表している。

解熱丸と歯痛液の絵葉書／90×14／MO

解熱丸／桃谷製／H57／ＳＴ

解熱丸／紀州桃谷／H58／ＳＴ

なまづ取薬／紀州桃谷製／H80／ＳＴ

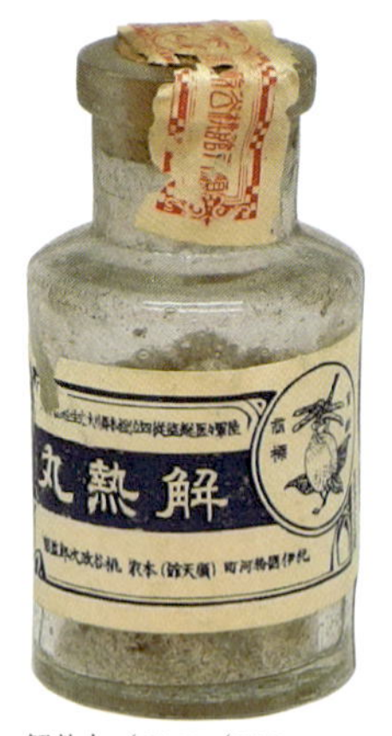
解熱丸／H62／MO

解熱丸／H58／MO

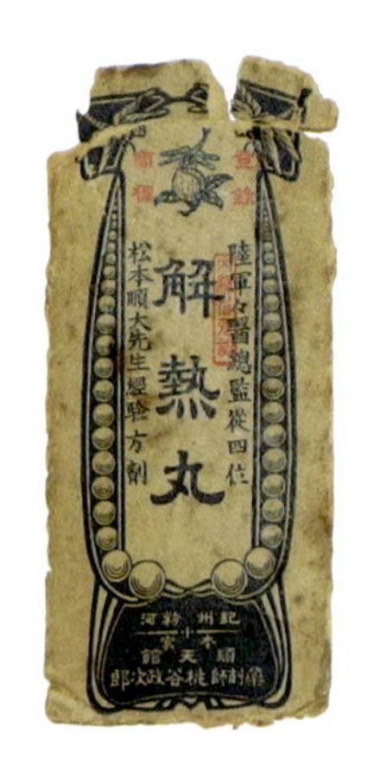

歯痛液／MO

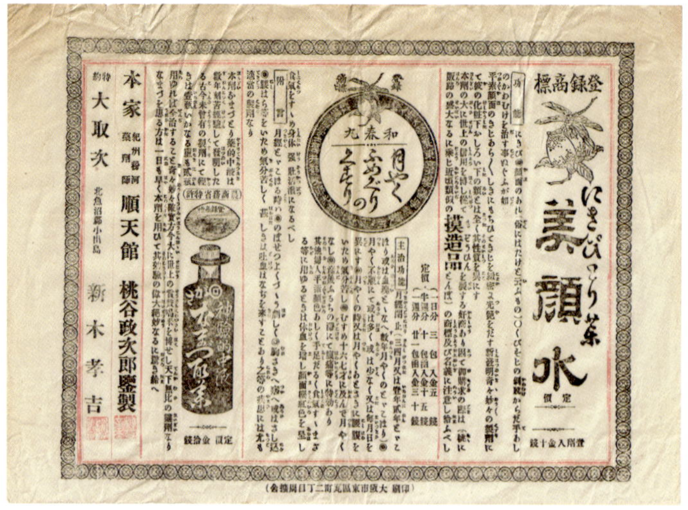

にきびとり薬美顔水、和春丸、なまづ取薬の広告チラシ／194×270

【商品の呼称】

「解熱丸」は、「かいねつがん」と読ませていた。感冒や熱病に対し、熱さまし、鎮痛の効能があった。
また、創業時の商品「なまづ取薬」は、なまずと俗称で呼ばれる、癜風菌による皮膚病の薬である。「神験的中液」いう触れ込みで神がかり的に良く効くことがPRされた。

【にきびとり美顔水】

創業間もなくラインナップされた「桃谷順天館の五方剤」の内、「にきびとり美顔水」は、思春期の男女の顔面を侵すニキビを気にかけ、とりわけ夫人のニキビ治療のために政次郎が自ら考案した薬が原型となったものである。この薬は、保健衛生の観念が定着してきた当時の時流にのって需要が増し、業績を大きく進展させた。その品質の高さから生産が追いつかないほどの大ヒットとなったという。

にきびとり美顔水／H78

粉河では「桃谷さんの井戸の水は美顔水になって、どんどん金が儲かる梅ヶ枝の手水鉢のようだ」との評判さえ立った位に名物であった。美顔水の「美」の字は明治時代、現在では「美」の異体字と呼ばれている、「美」や「美」の文字が使われていたようである。（これは、平尾賛平商店の「日本美人」についても同様である）
コバルトブルー色の綺麗な小瓶で美顔水のエンボス入り、ラベルも貼られていた。首の長さや肩の落ち方などが時代とともに微妙に変化する。美顔水の発売後、同じ薬効を持つ商品が他社からも登場した。笑顔水、キレー水（山崎帝國堂）、キメチンキ（土屋美國堂）などである。

美顔水／H76／NA

美顔水／H77／NA

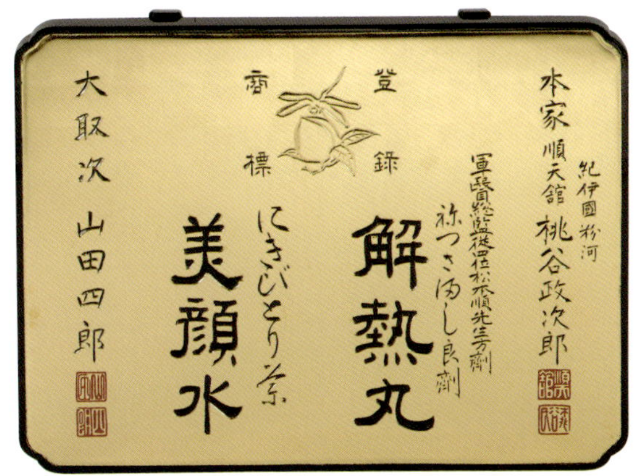

美顔水と解熱丸の看板／526×715×30／MO

美顔水の木製看板／1370×179×23／MO

美顔水の木製看板／1355×475×40／MO

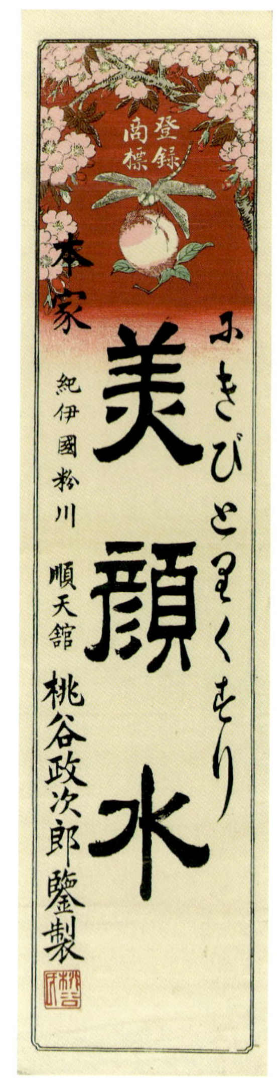

にきびとりくすり美顔水の絵びら／MO

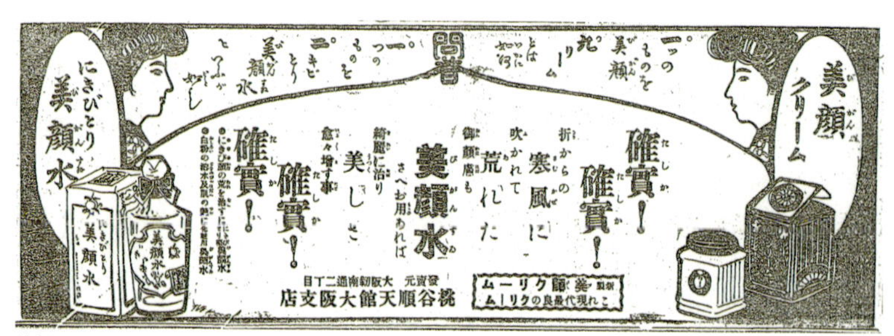

美顔クリームとにきびとり美顔水の新聞広告（大正2年2月10日朝刊）／東京朝日新聞

にきびとり薬美顔水の絵葉書／141×90

美顔水の木製看板／
455×108×10／MO

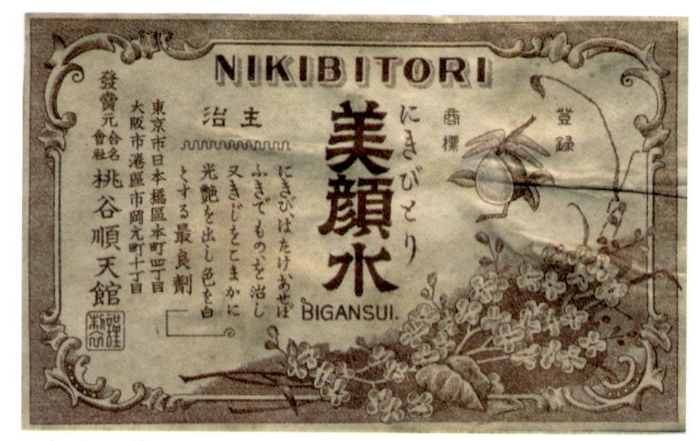

にきびとり美顔水のラベル／61×100

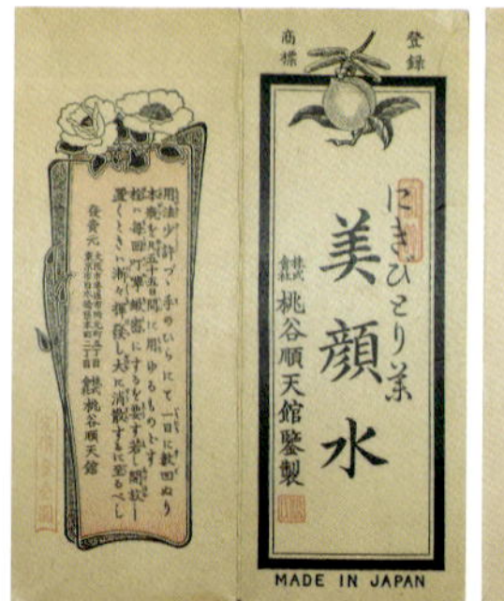

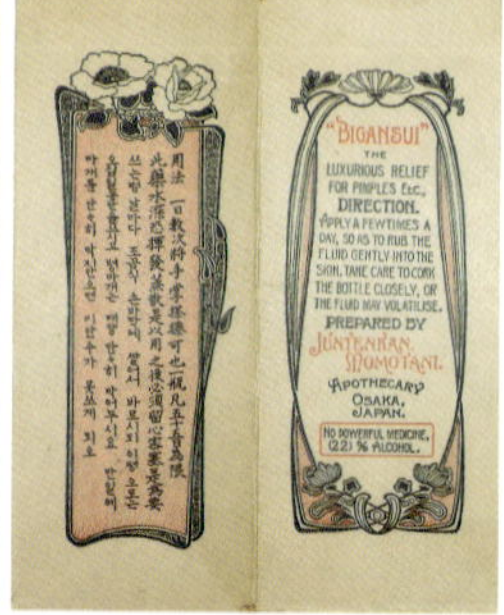

にきびとり薬美顔水の外箱（展開）／115×20／MO

にきびとり美顔水の絵葉書／90×140／MO

【図案】

世の中に意匠広告が出始めると、桃谷順天館も沖田沖舟を専属画家として、山高帽子の美少年に束髪美人を並べた図案や、傘をさした美人などの絵入り広告を考え出し、新聞や雑誌に盛んに掲載した。宣伝広告は多方面に展開され、博覧会、共進会、各種催物への商品出展と相まって、知名度は高まった。

傘美人は創業者政次郎の独創的なアイディアより生まれたもので、美顔は美人を連想し、傘はことわざである「夜目、遠目、笠（傘）の内」からの発想である。つまり傘の内は誰でもきれいに見えるものであるが、美顔水を愛用すればそれにも勝る美しさを保つことができるとの意味がある。

傘美人の絵葉書／90×140／MO

傘美人の絵葉書／90×140／MO

美顔水のポスター／597×453／MO

【化粧用美顔水】

化粧品界への進出の第一歩として、明治35年(1902)に「化粧用美顔水」が発売された。爽快な透明化粧水で、化粧下、白粉のとき水、肌荒れ防止、あせも・しもやけ改善などの特長で人気を博した。当時発売されていた、小町水(岳陽堂平尾賛平商店)、ローヤル水(佐々木商店)、二八水(長瀬富郎商店)などと勢力伯仲したという。

円筒形の外箱のデザインは豪華絢爛である。オシドリが浮かぶ池の上にバラ、すみれ、わすれな草などの花が豪華にあしらわれ、アールヌーボー調の植物柄の縁取りの中におさまった商品名は黒背景に金文字で目立っている。当時の新聞広告には、「つがい離れぬオシドリが春の水に浮く美しい風情は、美顔愛用の紳士淑女が、春の野に遊ぶ趣と並ぶ美観」と説明されている。

高等化粧用美顔水の外箱ラベル／MO

高等化粧用美顔水の外箱／Φ50×H127

化粧用美顔水の大箱／210×156×119

化粧用美顔水の外箱／H113／MO

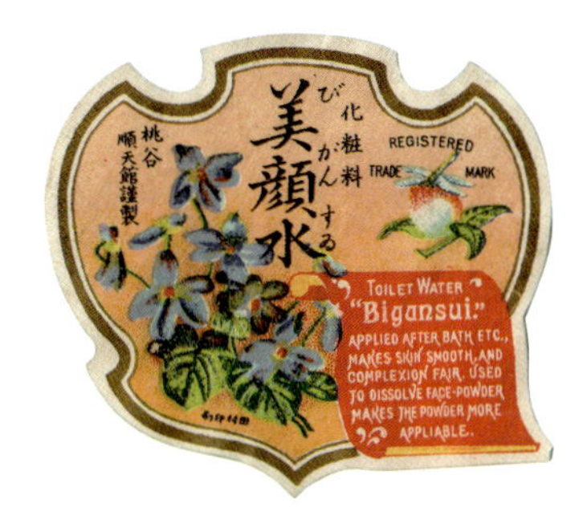

高等化粧用美顔水／H93／JK

化粧料美顔水／H110

【化粧料美顔水のラベル】

透明瓶に貼られていた紙ラベル。
裏面にも「美顔水」と印刷されており、瓶の正面が利用者の反対側を向いていても、ガラス越しに何の瓶かが分かる、何気ない気配りである。

【白色美顔水】

桃谷の工場は大正3年（1914）に、それまでの粉河工場に加え大阪工場が新たに操業開始した。（粉河工場は大正11年まで続く）大阪工場が生み出した最初の商品が「白色美顔水」である。「にきびとり美顔水」、「化粧用美顔水」に続く寵児であった。

そのころ流行り始めたスピード化粧に適した商品として開発された水白粉であり、化粧水も兼ねたものであった。価格も廉価であったため、流行に乗り化粧を始めようとする人々に争って買い求められ、日常必需品として絶賛された。姉妹品に、肌色美顔水と淡紅色美顔水がある。特に関東大震災後からは婦人の好みが変わり、あまりに華美な化粧を避ける傾向となり、白粉類も着色のものを要求される時代となりつつあった。それを先取りして、開発されたものである。

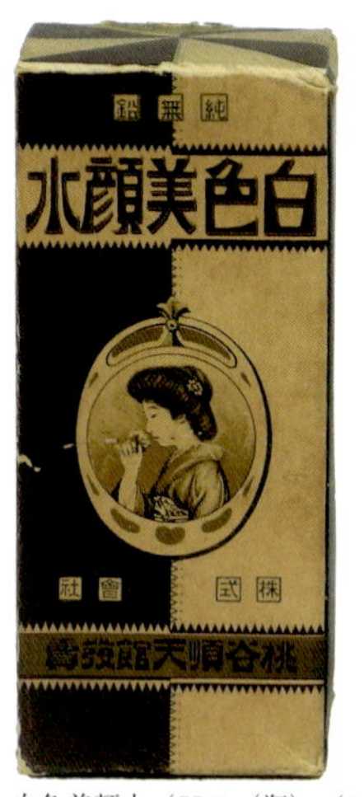

白色美顔水／H97（瓶）／MO

肌色美顔水／H95（瓶）／MO

淡紅色美顔水／H105（瓶）／MO

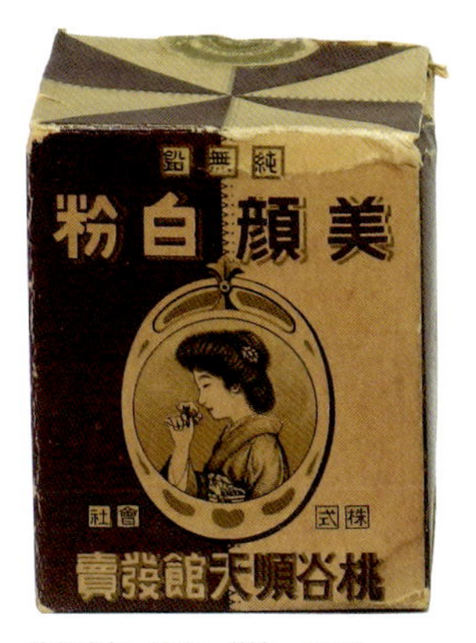

美顔白粉／H67（箱）／MO

【美顔化粧品】

美顔化粧品は大正2年から集中的に創製発売された。

大正2年	美顔石鹸
大正3年7月	美顔白粉各種、白色美顔水
大正3年12月	美顔洗粉、美顔クリーム
大正4年1月	美顔ユーマー

【美顔白粉】

白色美顔水と同時期に発売された美顔白粉。純白、肌色、淡紅の三種類の色があった。
本ページには、大正時代のもの二種と昭和初期のもの一種（赤いパッケージ）を掲載している。イラスト女性の髪型を見てみると、大正時代のものは束髪であるが、昭和になると短くした洋髪へと変化する。

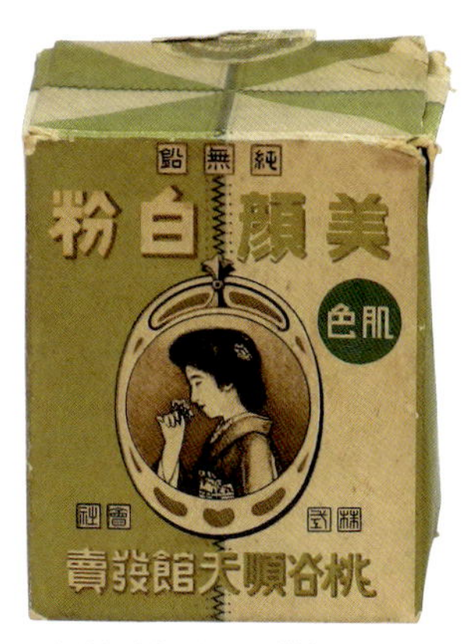

肌色美顔白粉／H67（箱）／MO

美顔白粉／H69（箱）／MO

美顔粉白粉／64×64×26

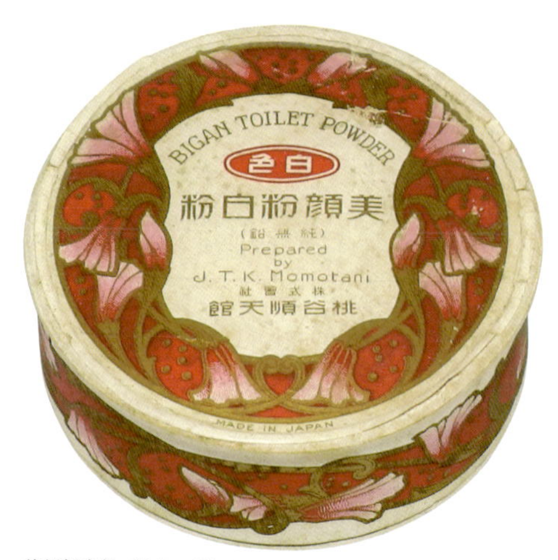

美顔粉白粉／Φ74×H28

美顔粉白粉／Φ53×H12

固煉美顔白粉／Φ65×H30（瓶）

固煉美顔白粉（肌色）／68×68×32（箱）／MO

固煉美顔白粉／69×69×30（箱）／MO

大正三、四年頃の製品／「桃谷政次郎翁傳」より

【美顔の商標】

薬効と化粧美を表現するのに最適な「美顔」という名称は、創業者政次郎が最初に創製販売した水薬である「にきびとり美顔水」から使用されている。ただ、商標登録されるまでには、いろいろと苦心と努力があったようで、幾度かの出願を重ね、ようやく明治35年（1902）に当局の許可が出たという。

その後、「美顔」という文字は、白粉、洗粉、石鹸にまで使用され、桃谷の代名詞となった。大正時代に発売された、美顔化粧品シリーズのパッケージデザインは、アールヌーボを基調にした極めて優美なものが多い。植物のフレームに束髪女性の横顔が配されたデザインは秀逸である。

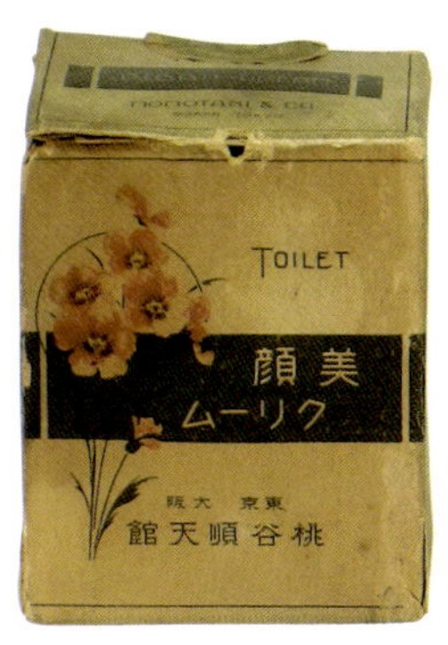

美顔クリーム／H56（瓶）／MO

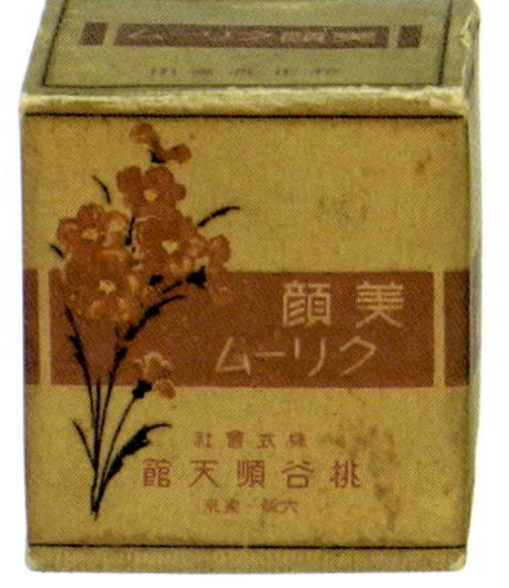

美顔クリーム／H40（瓶）／MO

大正4年（1915）に発売された、美顔ユーマーという化粧品は、皮膚荒れを防ぐ乳白化粧水であったようである。顔剃りのあとや薄化粧時の化粧下などに使われた。男性の髭剃りあと用としても賞用された。当時の広告には、桃谷試験研究所において発見した新しい粘液美容素と白色美容素を用いた「美しくなる液」と説明がある。「ユーマー」という商品名の語源、意味は不明である。

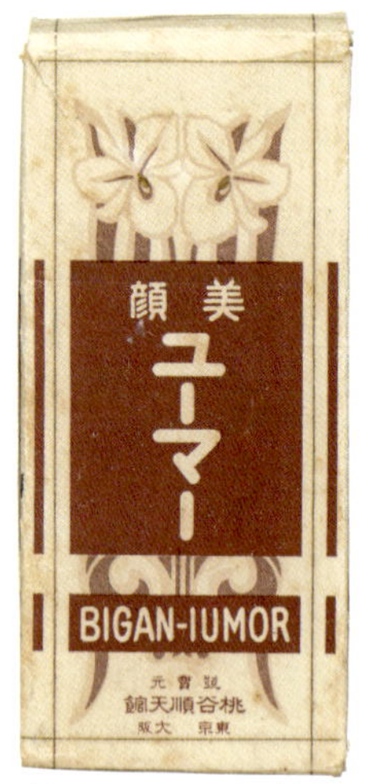

美顔ユーマー／H82（瓶）／NA

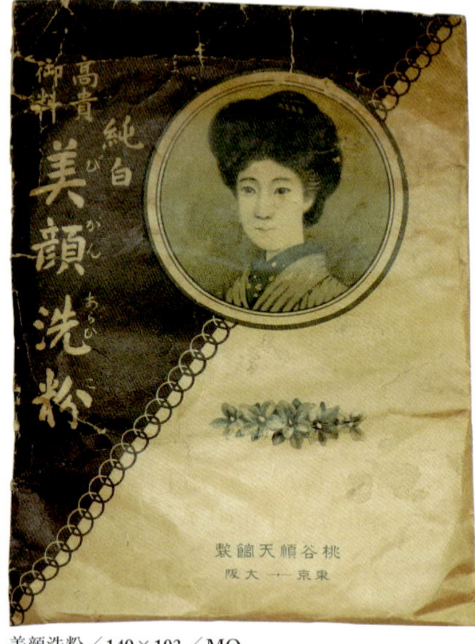

美顔洗粉／140×103／MO

美顔洗粉／120×61×32／MO

美顔洗粉の缶／Φ105×H90／MO

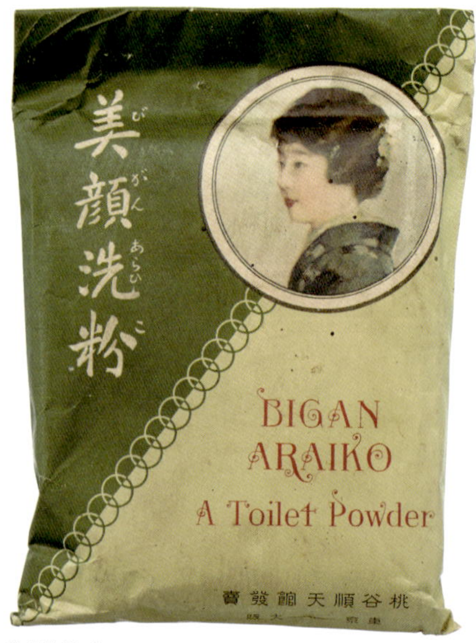

美顔洗粉／120×58

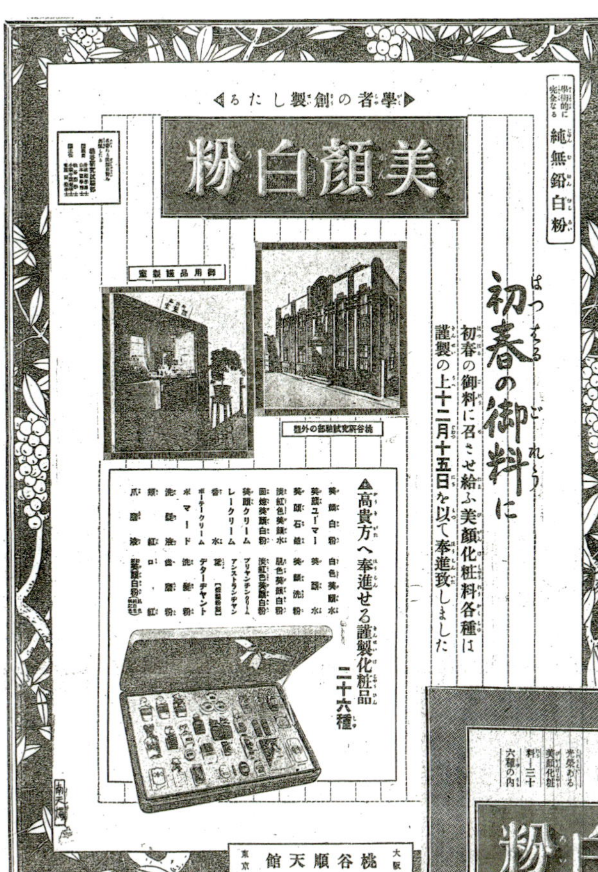

新聞広告（大正5年12月25日）／東京朝日新聞

新聞広告（大正8年10月23日）／大阪朝日新聞

【大正時代の商品群】

大正5年（1916）の新聞全面広告に26種類の化粧品を御料として献上したと伝えている。更に大正8年（1919）の広告には化粧料36種類を完成し、マリー・ルウヰズ女史に推奨されたとの宣伝がある。女史は明治44年（1911）に欧州より来日した美容家で美容講習所を創設して、日本の美容の近代化に貢献した人物である。36種類の内、15品は一般発売品、残りの21品は高貴御用命品（順次一般発売準備中）と説明されている。21品の中には、香水、口紅、歯磨等があるが消息は不明である。

明色美顔白粉／H63（瓶）／MO

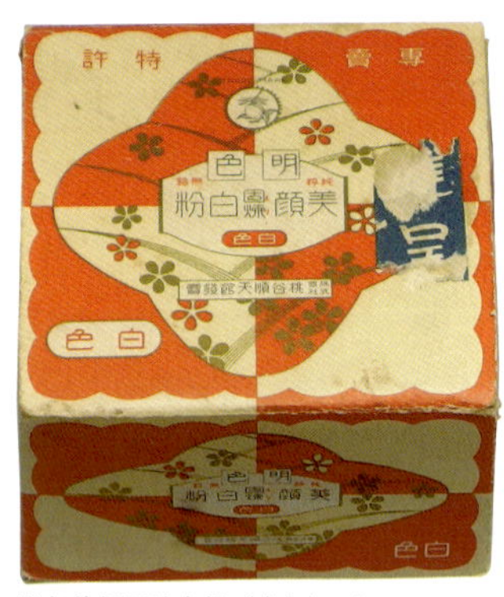

明色美顔固煉白粉（白色）／Φ61×H31

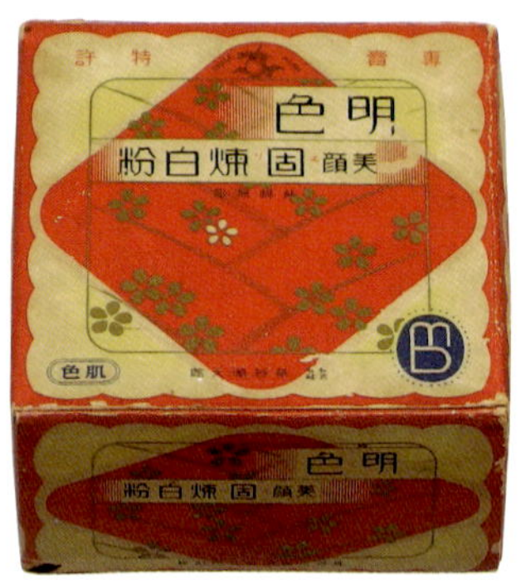

明色美顔固煉白粉（肌色）／Φ63×H132

「明朗比類なき新時代の美を表現する白粉」として、昭和7年（1932）に発売された明色美顔白粉シリーズ。
白粉の種類は、水白粉（美顔水）、粉白粉、煉白粉（白粉）、固煉白粉の四種類であった。
上品で近代的な美しさを現すために、色味は、白色、肌色、濃肌色、淡黄色の四種が揃えられた。
後にラインナップされた明色白粉は七種類まで色数が拡充された。（昭和12年）

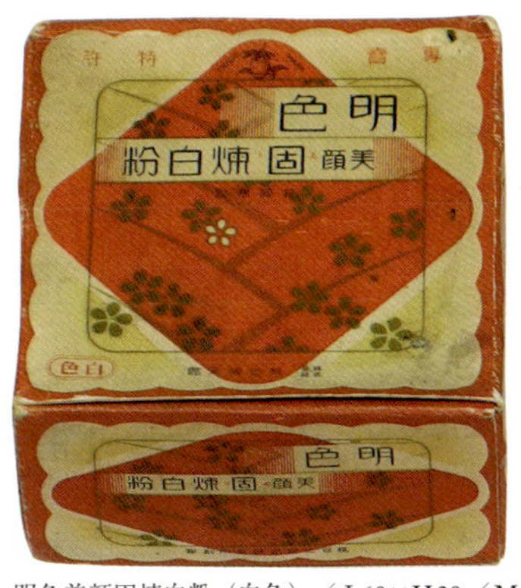

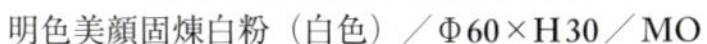

明色美顔固煉白粉（白色）／Φ60×H30／MO

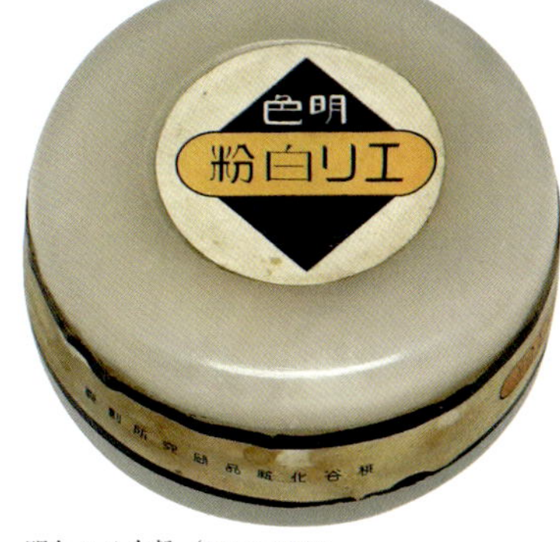

明色エリ白粉／Φ60×H30

明色粉白粉／Φ72×H18

明色美顔粉白粉／Φ46×H16

明色モモヤ粉白粉／Φ73×H25／MO

【明色白粉各種】

昭和にはいり、創業者政次郎の次子で薬学博士の幹次郎が、保健衛生上安全でしかも化粧効果の高い化粧料の創製を目的に完成したのが明色白粉である。その研究は主要原料の精製から始まり、長い日月を経て独自の白粉加工技術を確立させ量産化に成功したという。品質は、舶来品に勝る優良国産品として商工省からも推奨を受け、桃谷の代表商品となった。
明色シリーズのパッケージデザインはアールデコ風である。大正期の美顔シリーズのアールヌーボとはまた違った趣きで、これもまた女性の心を捉えるのに十分なデザイン感覚である。

【明色ブランドについて】

「明色」という商標も幹次郎が考案したものである。美容医学の勃興と化粧品の更なる革新的進歩のもと、昭和7年（1932）にそのブランドが始まった。「明」という字は、愛情、情熱、躍動を連想させる「赤」と、真実、証明、努力、創意を表す「明かし」という意味を併せ持ち、「色」は人としての感受性を表すことから美しい女性を表現、世間の女性に夢を持ってもらえる商標として考えられた。それまでの「美顔」ブランドと併行して使用された。

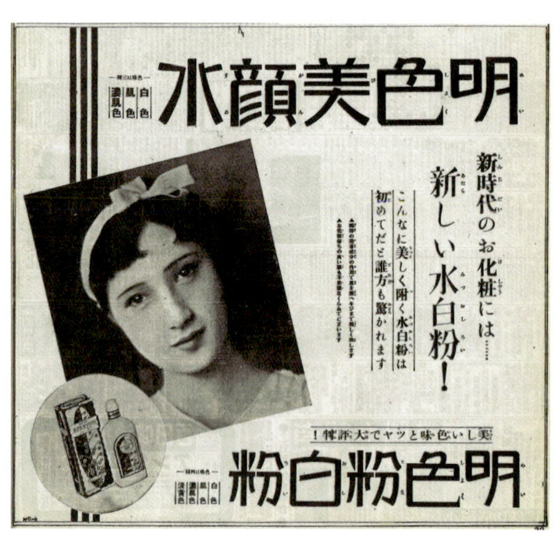

新聞広告（昭和10年6月2日）／大阪朝日新聞

明色美顔水／H98／JK

桃谷順天館は早くより有名人を広告に起用することに積極的であった。上掲は、「霧立のぼる」を起用した新聞広告。宝塚歌劇団出身で映画や舞台で活躍した人気スターである。
昭和28年（1953）には、ミス・ユニバース日本代表（世界3位）の伊東絹子を広告に起用し、話題となった。その後も、多くの女優やスポーツ選手が桃谷の広告を飾った。

明色美顔水／H127（瓶）

肌色美顔水の箱／白色美顔水の瓶／H127（瓶）

明色美顔水／H125（瓶）

【にきびとり美顔水新装品】
昭和9年（1934）に発売されたにきびとり美顔水の新装品。外箱に施された、アシンメトリーなアールデコ調の唐草模様とコバルトブルーの瓶が印象的である。現行商品にもそのデザインは引き継がれている。唐草模様は、桃谷順天館本社のエントランスの鉄扉のデザインにも再現されており、創業の原点を現代に伝えている。

にきびとり美顔水／H106（瓶）／JK

にきびとり美顔水／H120

にきびとり美顔水／H147／JK

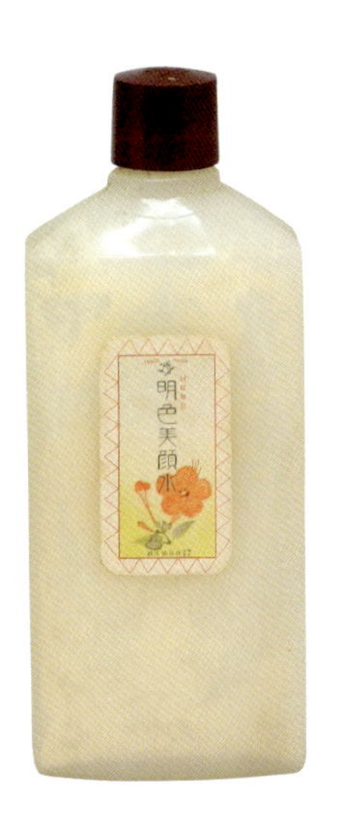

明色美顔水／H130／MO

化粧用美顔水／H116

昭和初期の製品／「桃谷政次郎翁傳」より

「桃谷政次郎翁傳」が発行された、昭和11年（1936）頃の桃谷順天館の製品群である。昭和7年（1932）に始まった明色ブランドと、それまでの美顔シリーズが併売されている。
パッケージのデザイン様式も多彩である。思わず手に取りたくなる可憐さが醸し出されている。

明色美顔固煉白粉／Φ66×H33（瓶）／MO

明色美顔脂取紙／102×48

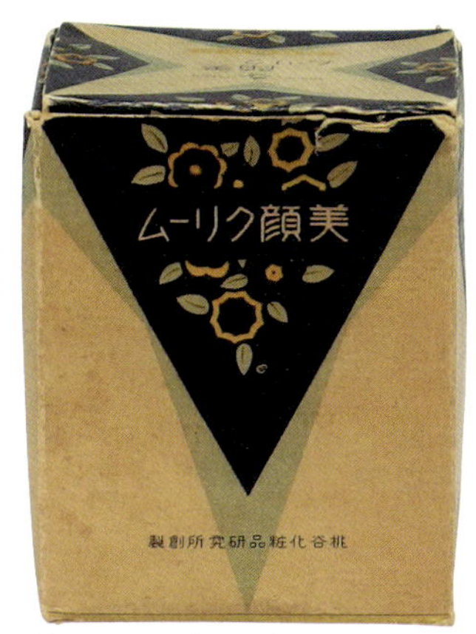

美顔クリーム／H62／MO

明色クリーム／H71

明色美顔クリーム／H65（瓶）／MO

美顔化粧下クリーム／H70（瓶）／MO

美顔おしろい下／44×44×18／MO

美顔おしろい下／Φ31×H9

美顔おしろい下（試用品）／90×70／MO

【美顔石鹸】

英国リバー・ブラザーズ・カンパニーと提携し、大正2年（1913）に発売された。
月印と花印の二種類あり。大正3年（1914）の広告によると、月が25銭、花が15銭で販売されていたようである。純植物性で皮膚を美しくすることが PRされた。
品質は良かったものの、高価格のため売上はあまり伸びなかったようである。

美顔石鹸（月）／MO

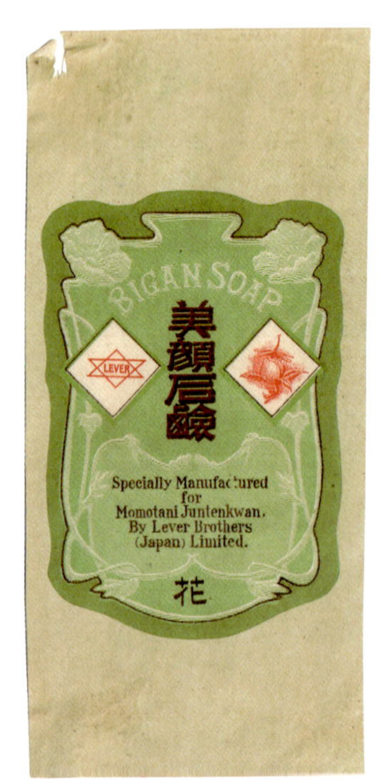

美顔石鹸（花）／118×55

新聞広告（大正3年）

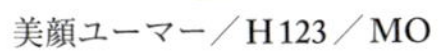

美顔ユーマー／H123／MO

白色美顔水／H125（瓶）／MO

明色エリ白粉／Φ60×H30（瓶）／MO

明色ヒフ薬／Φ66×H30／MO

化粧用美顔水／H136（瓶）／MO

明色クリームローション／H130（箱）／MO

【明色クリンシンクリームとアストリンゼン】

昭和7年（1932）には、それまで油成分のため落ちにくかった化粧品もきれいに落とす、画期的な洗顔クリーム「明色クリンシンクリーム」が発売された。研究開発は薬学博士の桃谷幹次郎と薬剤師の木村謙吉のコンビで行われたもので、明色ブランドの最初の製品の一つとして発売され、大ヒットとなった。さらに昭和11年（1936）には「明色アストリンゼン」を発売。日本の弱酸性化粧品の先駆けとなり、化粧水の代名詞となる。

明色クリンシンクリーム／Φ80×H38／MO

明色クリンシンクリーム／Φ84×H42

美顔コールドクリーム／H44

明色アストリンゼン／H125（瓶）／MO

明色アストリンゼンのポスター（宮本三郎画）／520×362／MO

第5章

平尾賛平商店

パッケージ大全

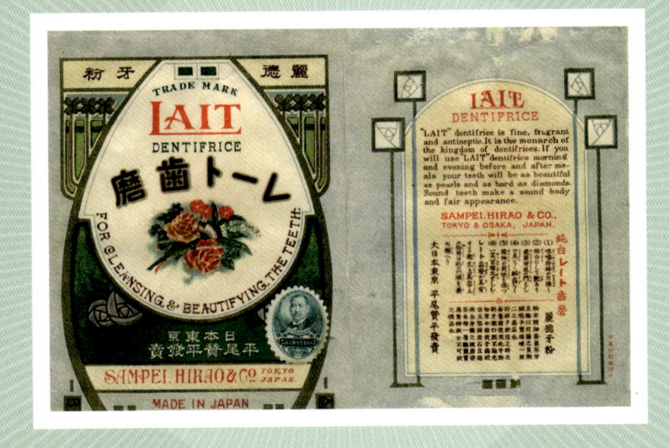

平尾賛平商店は、明治の後半から昭和の初めにかけて「レート化粧料」で一世を風靡した化粧品メーカーである。同時期、大阪で活躍したクラブ化粧品の中山太陽堂とは、化粧品界の勢力を二分する東西の横綱であり、「西のクラブ、東のレート」という、両社の繁栄を雄弁に伝えるフレーズが当時流行った。同社は、昭和4年（1929）に「平尾賛平商店五十年史」という984ページに及ぶ非常に詳しい社史を発行しているが、その中で明治期の化粧品業界の勢力を次のように伝えている。
「白粉界の御園、歯磨界のライオン、化粧水界のレート、洗粉界のクラブ是れ明治年間化粧品界の四大覇者なりき」
現在、この4社の内、ライオンとクラブは企業健在し堅実に経営が続けられている。御園は、昭和になってパピリオブランドとなり、大企業の傘下を転々とするも、1997年に清算となる。平尾賛平商店は、第二次世界大戦の戦火で社屋、工場が焼失し、経営難に陥り、惜しくも昭和29年（1954）に幕を閉じてしまった。現存しない企業ではあるが、幸いにして前述の詳しい社史が多くの情報を提供してくれる。本書の記述も同書をよりどころにしたところが大きい。

【初代平尾賛平と岳陽堂】

初代平尾賛平は弘化3年（1846）に駿府で生まれ、明治4年（1871）に上京し三井組に入り、米穀仕入方として活躍をした。明治11年（1878）には三井組を辞し、神田淡路町にて「岳陽堂」という屋号で売薬店を始めた。開業時の商品としては、陸軍軍医総督の松本順が処方した「利水散」と二、三の売薬、そして「おしろい下小町水」であった。翌明治12年（1879）には、店舗を日本橋馬喰町に移し拡張した。明治24年（1891）にはダイヤモンド歯磨を発売し、国民に衛生思想が浸透するのを助け、事業は発展した。当時、日本文明の進歩とともに化粧品需要も増えつつあったがその多くが輸入品に頼っている状況を憂い、化粧品業で世の中に尽くすという志を持ち事業に邁進した。しかしながら、明治30年（1897）、惜しくも享年51歳にて没した。
後を、継いだ二世平尾賛平は、明治7年（1874）に先代の長男として生まれ、先代の死去に伴い、家業を継承するとともに賛平を襲名した。その後、同店を大きく飛躍させることに成功した。

【小町水】

明治11年（1878）に発売された小町水は、国産化粧水の始祖として全国的に普及し、同店の初期の経営を牽引したと言われる。発売後、模造品が続出したのでラベルの表示を「元祖小町水」とし、姿見に向き合う美人の図を加えて登録商標とした。

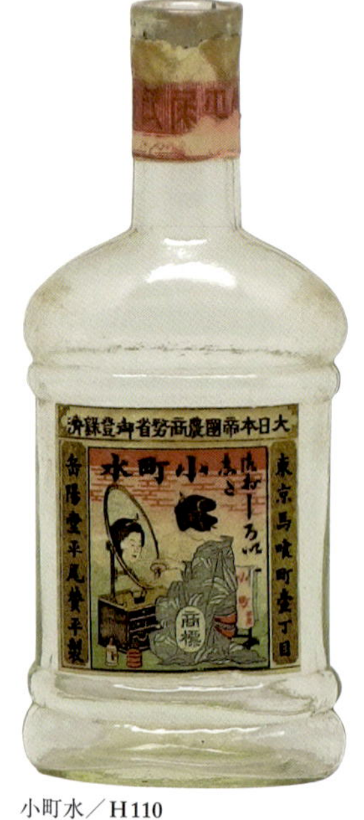
小町水／H110

小町水おしろい／H73／NB

小町水の大瓶／H300／NB

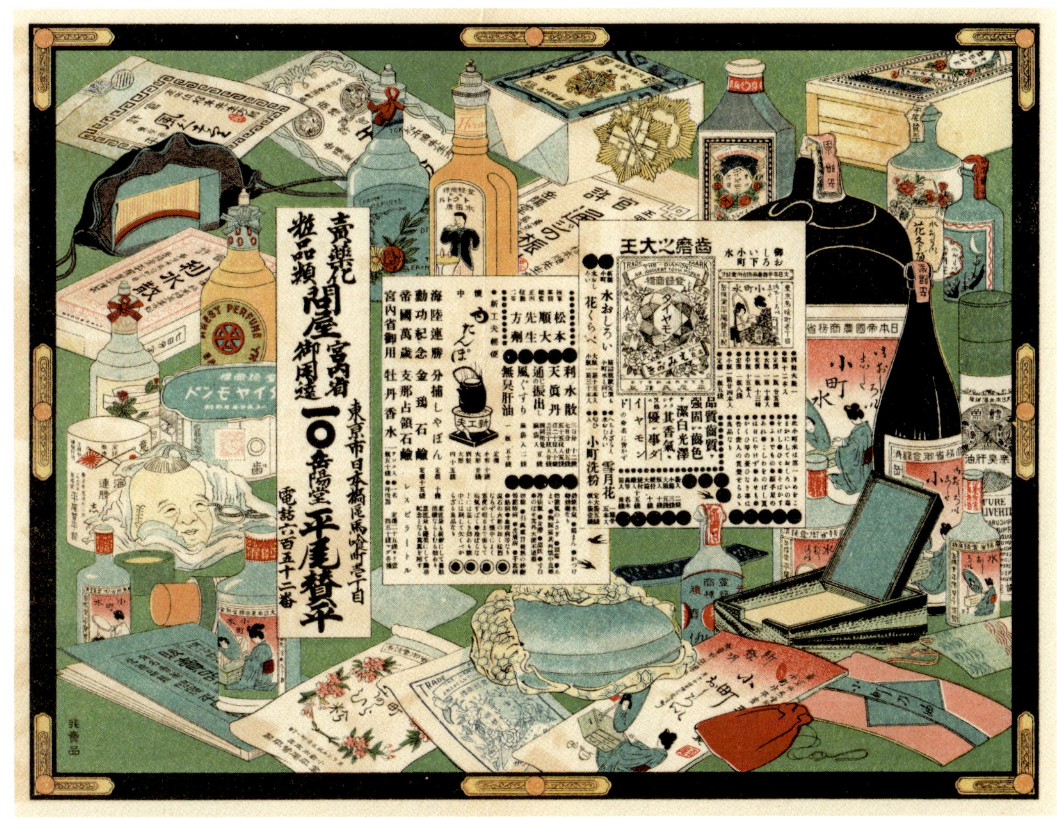

明治27,8年頃の主要発売品（平尾賛平商店五十年史より）

日清戦争の頃の商品群。創業時の売薬数種（利水散、天眞丹、風ぐすりなど）や小町水に加え、ダイヤモンド歯磨、小町おしろい、分捕しゃぼん、牡丹香水などのパッケージが見て取れる。

【分捕しゃぼん】

日清戦争の勝利を祈念して明治27年（1894）に発売された石鹸で、国民の敵愾心を反映したものである。
蓋に描かれた図案は朝鮮の成歓、牙山で清国に勝利した日本軍がソウル近郊に建てた凱旋門と思われる。

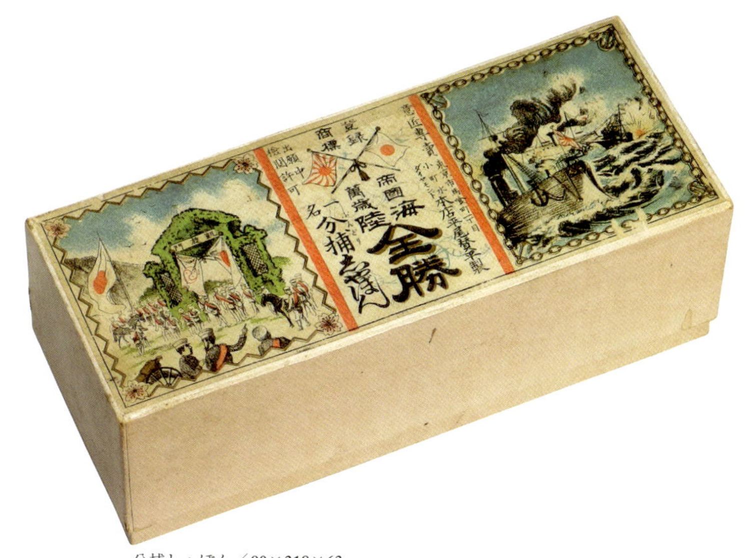

分捕しゃぼん／90×318×63

【ダイヤモンド歯磨】

西洋式の粉歯磨の国産化は、この商品が先駆であり、明治中期の平尾商店の商品群で重要な位置を占めていた。桐箱入り、袋入りを中心に多くの種類が揃えられ、国内を制覇しただけでなく、南洋や米国も輸出された。化粧品類に洋名がつけられたのは、この製品が先がけとされる。本ページ下段の歯磨袋の上部に表記された「金剛石牙粉」は、支那への輸出用にも兼用できる様に付け加えられたものである。

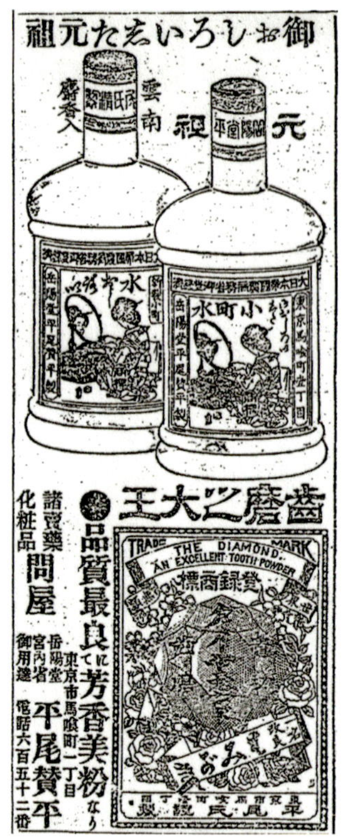

新聞広告（明治26年9月17日）／東京朝日新聞

ダイヤモンド歯磨桐箱入／74×55×38

ダイヤモンド歯磨桐箱入（平尾賛平商店五十年史より）

ダイヤモンド歯磨ニッケル蓋角瓶
（平尾賛平商店五十年史より）

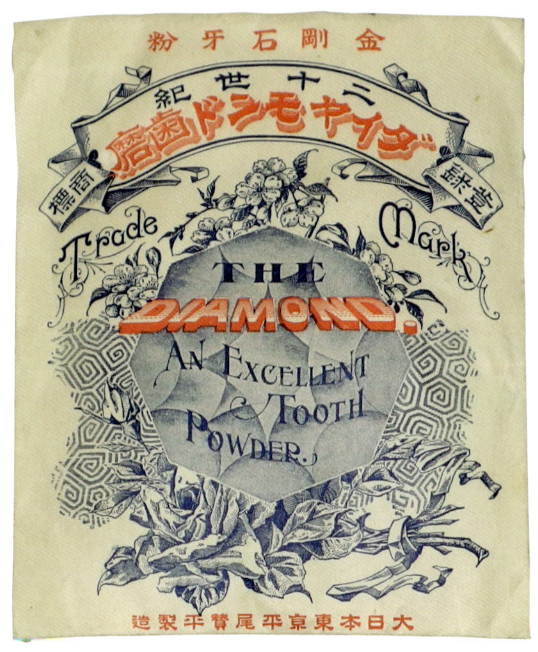

ダイヤモンド歯磨袋入／110×90

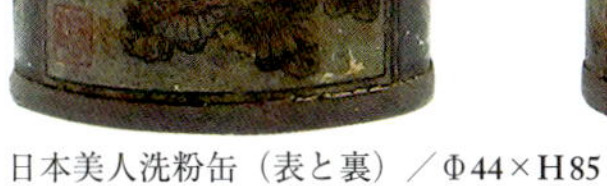

日本美人洗粉缶（表と裏）／Φ44×H85

【日本美人洗粉】

大豆粉を原料とした洗粉で袋入りと罐が発売された。明治中期において、ダイヤモンド歯磨に次ぐ売れ筋商品であった。
この当時、「日本美人」を冠した商品シリーズが以下の通り、発売されている。

明治31年　日本美人洗粉
明治31年　日本美人粉白粉
明治31年　日本美人白粉
明治31年　日本美人（化粧水）
明治33年　あせしらず煉製日本美人
明治33年　日本美人石鹸

明治31年頃の商品写真／同社の引札より

◉眞正の美艶とある濃厚化粧劑

日本美人

◉定價 別製大瓶金一圓 中瓶金二十錢 ◉大瓶金五十錢 ◉小瓶金十二錢

近來社會に多く製造する有名無實なる化粧水の問屋にあらず

東京市馬喰町一丁目電話浪花六五二番

齊藥化粧品類問屋 宮内省御用達 岳陽堂 平尾賛平

新聞広告（明治31年7月10日）／東京朝日新聞

クレームレートチューブ入

一滴香水砲弾型容器入

菊桐香水

明治後期の商品群（平尾賛平商店五十年史より）

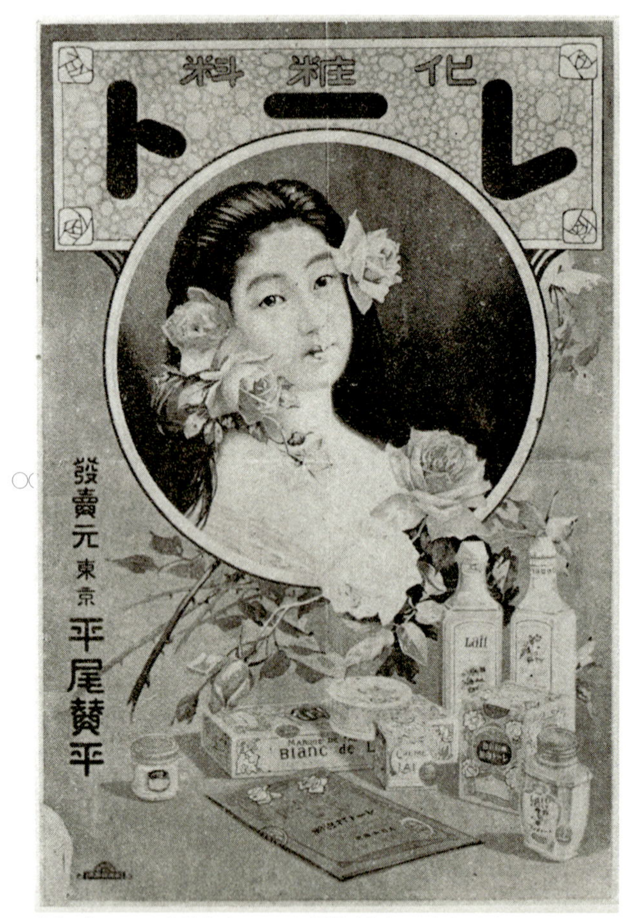

明治43年のレート化粧料ポスター（平尾賛平商店五十年史より）

レートヂェリー／H82／YM

レート粉白粉／Φ62×H27

明治後期の美人画ポスターであるが、注目すべきは、洗い髪であることである。当時人気のあった「あらい髪のお妻」にあやかったものであろう。お妻は東京新橋の芸妓で、明治27年（1894）に浅草で開催されたミスコンテストの写真撮影に、髪結いが間に合わずに洗い髪で駆け付けたことが話題となり、その後、人気を集めたと言われている。

【乳白化粧水レート】

日露戦争当時、牛乳の洗顔が美容上有効との話が伝わり、それに着目した平尾商店の技師、川田惣一郎が開発した製品である。牛乳の美容上有効な主成分を人造し、保存にも耐え得るものとして、明治39年（1906）に売り出した。レート商品の第一号であり、発売後の売行きは好調であった。レッテルには、花束に蝶を配した図案を採用し、品名以外には日本語が使われていない。中央印刷社のデザインとされ、洋風指向である。
この商品の発売後、同社は、手工業を機械作業に改め、大量生産へと体制を転換していった。本商品の市場の評判に勢いを得て、以来レートという名の下に全ての化粧品がラインナップされた。レートという名称はフランス語で牛乳を表す「Lait」が由来である。本来の発音は「レー」だけであるが、それを「レート」と読ませた。そのやさしい響きが女性の心を捉えたのであろう。

乳白化粧水レート水／H121

【詰合函】

大正4年(1915)にレート各種詰合デコレーション第一回特売が行われたときの詰合函。
レート化粧料一式を装飾された箱に詰合せたものを「レートデコレーション」と称したようである。店舗で人目を惹く役割があった。
筆者が集めたほぼ同時代の商品を詰合函に収め写真撮影したものである。

上記のレート化粧料詰合函の上蓋の裏側に描かれた商品群のイラスト

透明レート／H103（瓶）

透明レートとレート白粉

レート水白粉／H102（瓶）

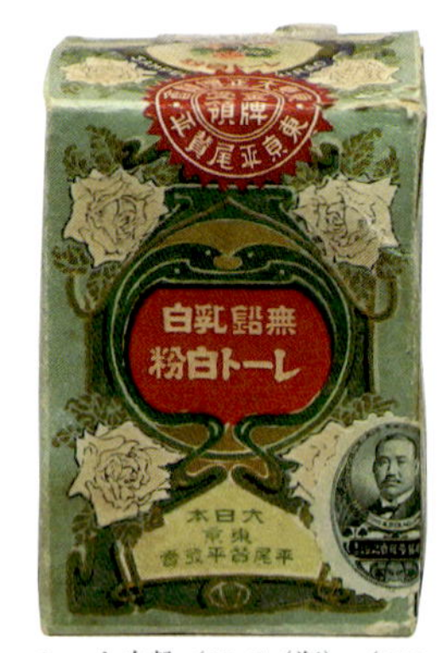

レート白粉／H65（瓶）／NB

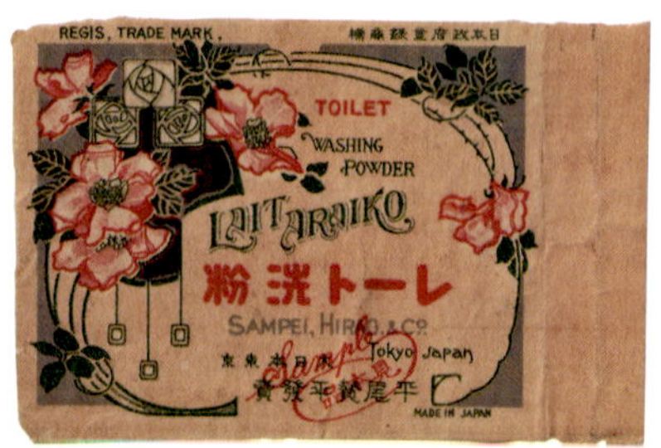

レート洗粉／58×89

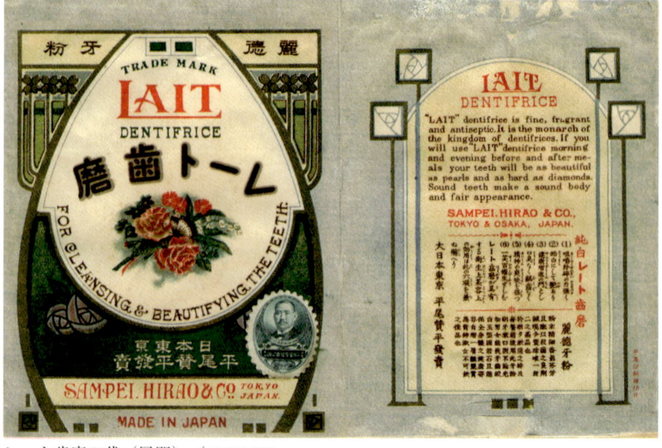

レート歯磨の袋（展開）／125×190

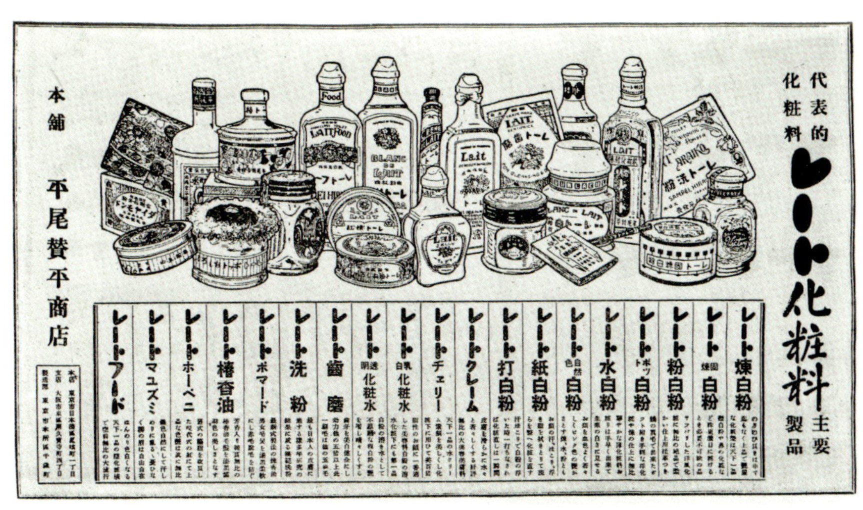

大正6年レート化粧料主要品三段広告（平尾賛平商店五十年史より）

レートポマード／H58

レート紙白粉（表と裏）／78×54×6

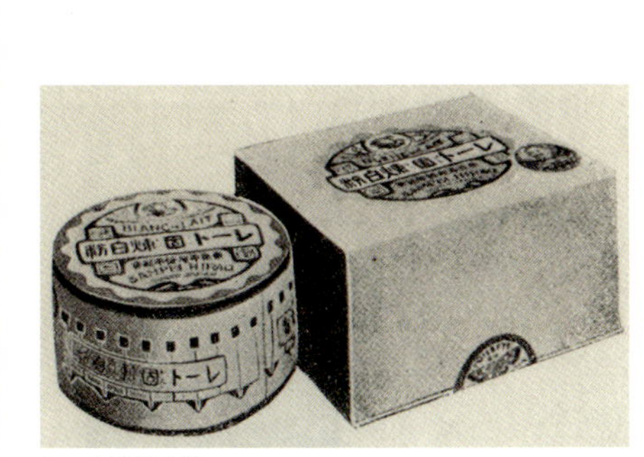

レート固煉白粉

純植物質ポマードビクトリー

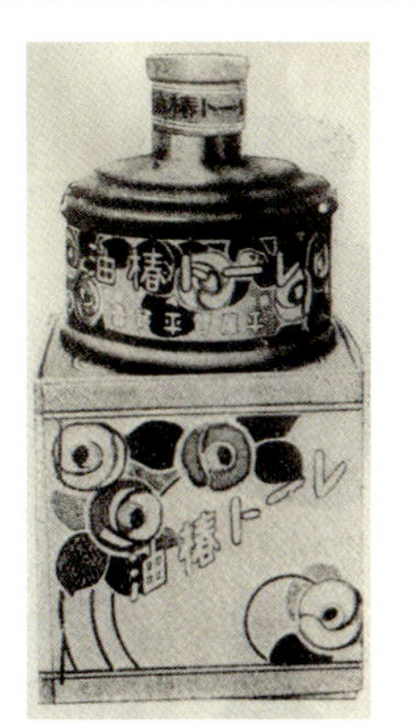

レート椿油

大正1～9年の商品群（平尾賛平商店五十年史より）

【クレームレート】

明治後期、アレ止め化粧下としては貝殻容器に入れられた「花いかだ」が全盛であったが、鉱物質原料を顔に用いるのは不適切なことと、砂塵の多い日本では無脂肪クリームが望まれたことから、それに応えるべく、研究を重ね、明治42年（1909）にクレームレートが発売された。発売後、堅実に販売を伸ばし業界にも大きな貢献を残した。大正から昭和にかけての平尾賛平商店の最大ヒット商品であった。

この容器図案も中央印刷社が考案したもので、欧文中心で日本語は控えて表示されている。

昭和2年（1927）に名称を「クレームレート」から「レートクレーム」と改められた。

新聞広告（明治43年1月16日）／東京朝日新聞

クレームレート三種

クレームレート／H39（瓶）

レートクレーム／L132

レートクレーム／H55（瓶）

レートクレーム（陶製）／H54／YM

レートフード／H112

レートフード／H122

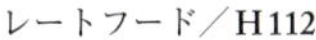

【マーク、図案】

明治45年（1912）より、模造品防止と信頼保持の目的のため二代目平尾賛平の肖像図が貼付された。大正15年（1926）には、三羽鳥マークへと改められた。

トレードマークは、明治後期より、花と蝶の写実的な図案が使われていたが、大正14年（1925）以降は、イラスト化された花蝶マークに変更される。同店意匠部の考案である。

掲載した2本のレートフードの瓶の内、左は肖像図が貼付された大正期のもので、右は三羽鳥マークの昭和初期品である。中央のトレードマークも変更されているのが分かる。

二代目平尾賛平のマーク

三羽鳥マーク

【レートフード】

大正初期に開発された主力品であり、大正、昭和に渡り人気を博した。「ほんのり色白くなる化粧液」という標語はよく性質を説明している。能書きによると、紳士の髭剃りあと、淑女の隠し化粧、女学生の通学化粧、更には、日焼け止めや冬のアレ止めなど、多目的に使用できたようである。小町水の透明化粧水時代、乳白化粧水レートの時代、濃厚化粧液のフード時代という流れは、国内化粧界のトレンドの推移を物語っている。

大正後期の販売数は記録的なもので、フード祭などのイベントも開催された。

レートフード（大箱）／215×147×133／YM

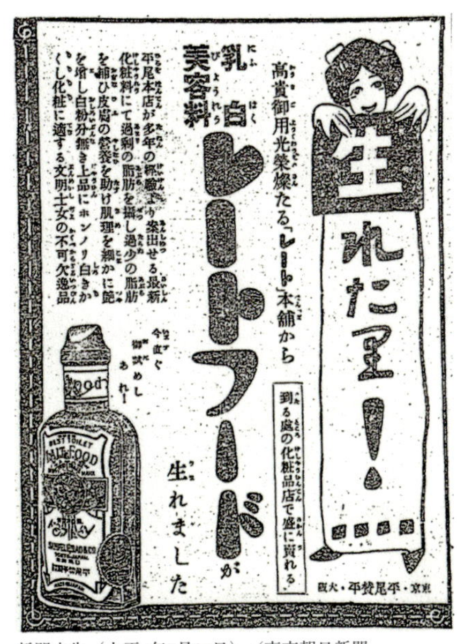

新聞広告（大正4年7月24日）／東京朝日新聞

レート化粧料第一部製品（一）（平尾賛平商店五十年史より）　昭和3年の販売品

レート化粧料第一部製品（二）（平尾賛平商店五十年史より）　昭和3年の販売品

【昭和3年（1928）の販売製品】

「平尾賛平商店五十年史」に当時の製品の集合写真がカラーで掲載されているのでここに紹介したい。第一部製品が主力商品。第二部製品がそれに次ぐものである。
「小町水」も明治の頃のデザインのまま、第二部商品として販売を続けられていたことが分かる。ダイヤモンド歯磨もしかりである。
白粉、固煉白粉、粉白粉は、大正14年（1925）から昭和3年（1928）にかけて販売が始まった廉価判の赤函シリーズと従来品が、それぞれ並べて撮影されており、当時併売されていたことが見て取れる。封緘には、三羽鳥マークの商標が使用されている。

【商号】

商号としては、創業時は「岳陽堂平尾賛平」、広告などには単に「平尾賛平」と記される場合が多く、明治37年（1904）の大阪支店開設後は「東京大阪平尾賛平」となった。大正7年（1918）に株式会社化された後は、製品には「東京平尾賛平商店」と記された。従って、広告や製品に「商店」の文字が入っていた場合は、概ね大正7年以降のものと判断できそうである。
昭和21年（1946）には社名を「株式会社レート」と変更している。

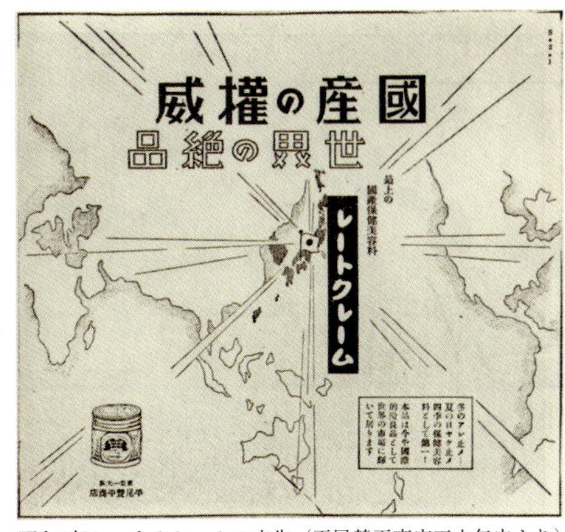

昭和3年レートクレームの広告（平尾賛平商店五十年史より）

レート化粧料第二部製品（一）（平尾賛平商店五十年史より）昭和3年の販売品

レート化粧料第二部製品（二）（平尾賛平商店五十年史より） 昭和3年の販売品

レート化粧料第二部製品（三）（平尾賛平商店五十年史より） 昭和3年の販売品

【レートメリー】

レートメリーは、クリームと白粉の作用を兼備し、化粧法に特別な技巧を必要とせず、便利で使いやすい製品として開発され、大正7年（1918）から発売された。広告文として、「一分間淡化粧料」、「クリーム白粉」、「時代は進む煉白粉からメリーへ」などを用い、新天地を開拓した。ターゲットは、まず女学生を中心とした若い女性、次に職業婦人であった。

初期製品の包装は伊藤印刷所のデザインで、瓶型は彫刻家の石井鶴三氏に相談して芸術性の高いものに仕上げたとされる。

レートメリー／H69（瓶）／JK（箱）

レートメリー二種

レートメリー／H67（瓶）

レートメリー／H88（瓶）

レート化粧料（箱）／171×111×55

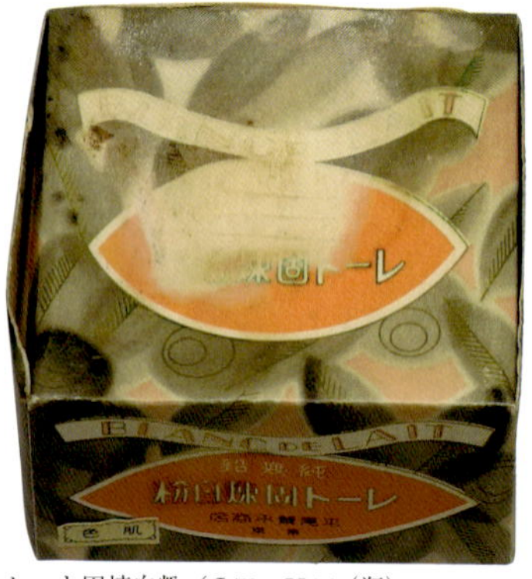

レート固煉白粉／Φ73×H35（瓶）

レート白粉／H62

レート粉白粉／Φ62×H34／NA

レート粉白粉／Φ70×H26

レート粉白粉／Φ47×H18

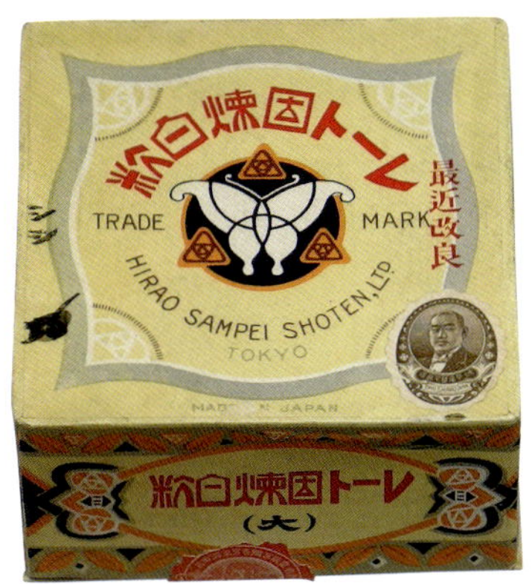

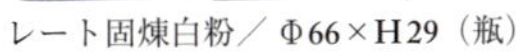
レート固煉白粉／Φ66×H29（瓶）

レートネオ粉白粉／Φ44×H13

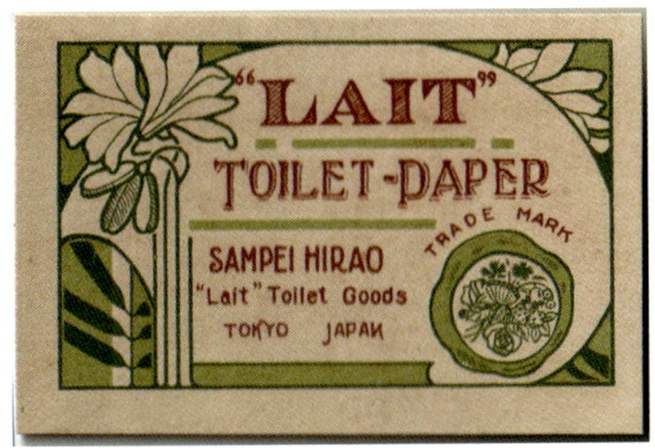

レート紙白粉（カード）／45×70

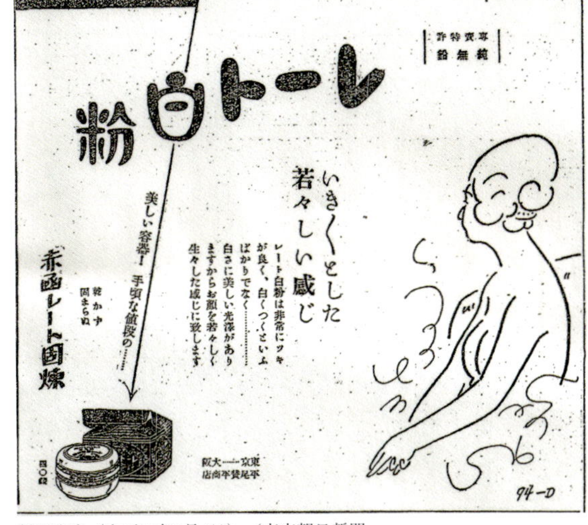

新聞広告（大正15年9月4日）／東京朝日新聞

【赤函レート】

固煉白粉、煉白粉、粉白粉の民衆化を目的として大正14年（1925）から発売されたのが赤函シリーズである。
容器のデザインは2色のみで、いたってシンプル。価格も手頃に抑え、普及を促進させた。

レート粉白粉／Φ67×H33

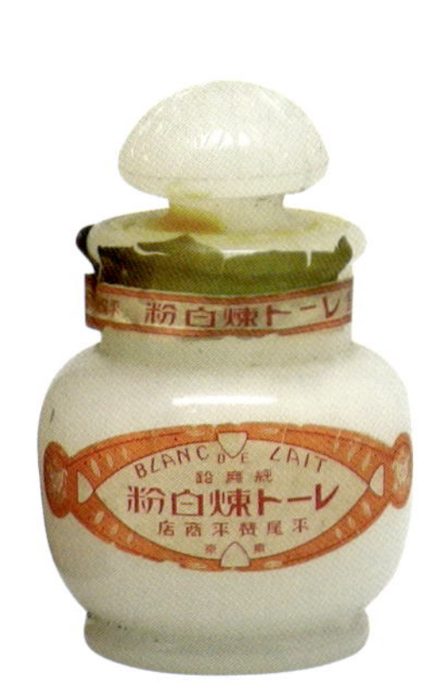

レート煉白粉／H73／NA

レート紙白粉／78×54×6

レート紙白粉／76×53×5

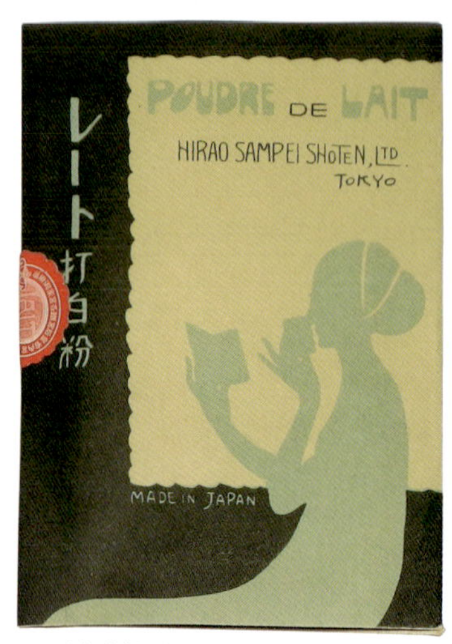

レート打白粉／128×90

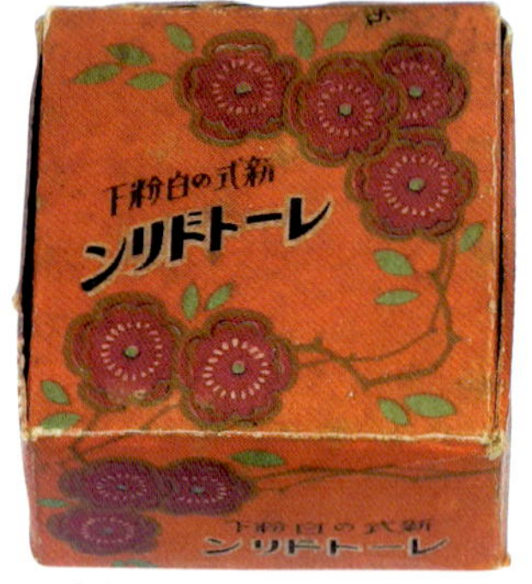

レートドリン／Φ43×H23（瓶）

【新装レート】

昭和10年（1935）、水白粉と粉白粉が新装された。それまでのシンプルな赤函レートからの反動のように、華やかなデザインである。広告文には、「日本の春に爛漫と咲き出でた新装レート。金と赤の華麗な衣装で、・・・」とあり、豪華志向である。

レート白粉／H135

レート五色水白粉／
H138／NA

レート水白粉／H127（瓶）／NA

レートポマード（表と裏）／H49

レートポマード／H73／YM

レート化粧料（箱）／88×106×40／NA

レート美容水／H132／NB

レートソプラのしおり

レート進物函／205×266×56

レート進物函／203×266×58

【レート進物函】

使用頻度の高いレート化粧料を一揃えにして、美しい箱に詰め、百貨店、小間物店等で販売された。女性向けの贈答品として、重宝されたようである。箱は、大正の頃は桐製で、昭和初期にはボール紙が使われた。蓋の裏には商品の集合写真の広告が貼られ、当時のパッケージデザインを概観することができる。進物函の新聞への広告掲載時期は、7月と12月の贈答シーズンに集中する。

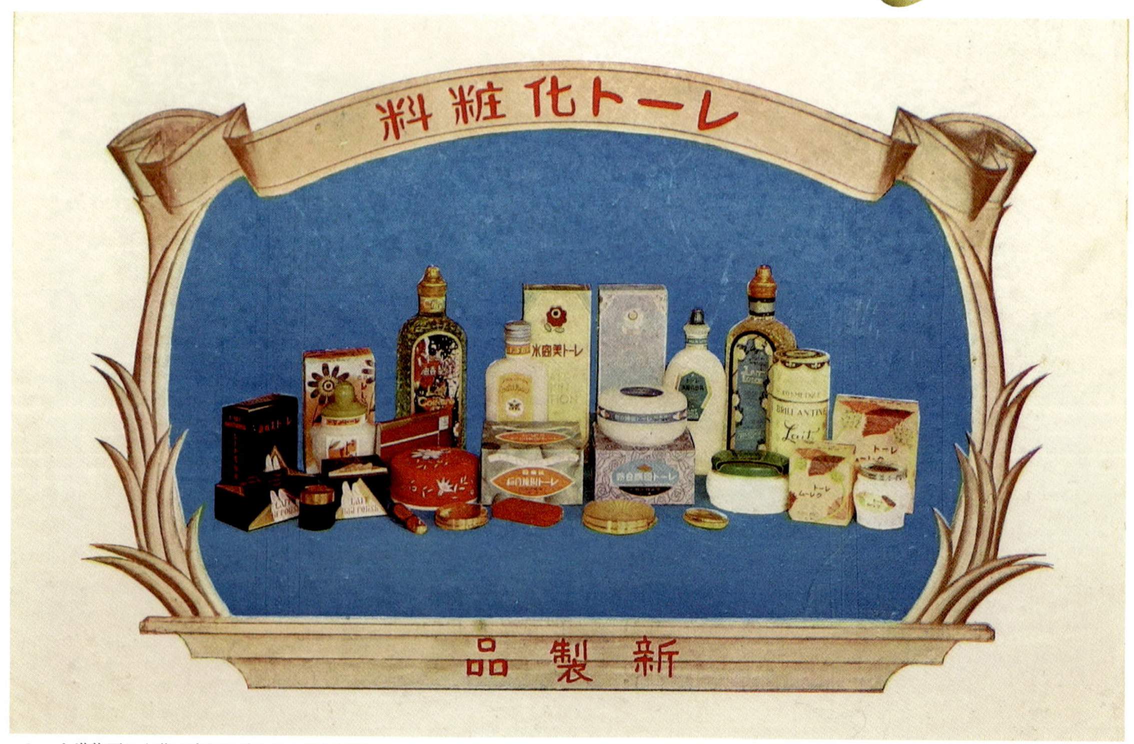

レート進物函の上蓋の裏側に貼られた商品写真

レート進物函の上蓋の裏側に貼られた商品写真

レート進物函の上蓋の裏側に貼られた商品写真（昭和11年頃）

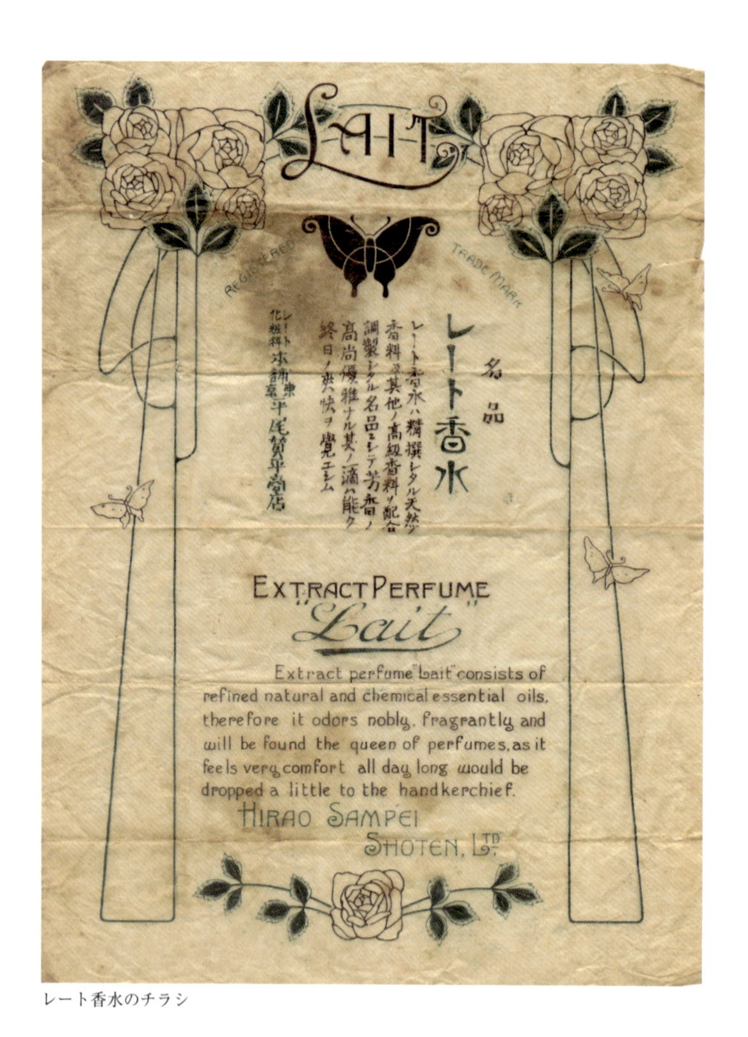
LAIT
REGISTERED TRADE MARK
名品
レート香水
レート香水ハ精撰シタル天然ノ
香料及其他ノ高級香料ヲ配合
調製シタル名品ニシテ芳香ノ
高尚優雅ナル其ノ一滴ハ能ク
終日ノ爽快ヲ覚エシム
レート化粧料本舗 東京 平尾賛平商店

EXTRACT PERFUME
"Lait"
Extract perfume "Lait" consists of refined natural and chemical essential oils, therefore it odors nobly, fragrantly and will be found the queen of perfumes, as it feels very comfort all day long would be dropped a little to the handkerchief.
HIRAO SAMPEI
SHOTEN, LTD.

レート香水のチラシ

LAIT ABSORBENT PAPER

レート脂取紙／90×45

レート香水／H54／NB

レート香水／L78／YM

レート清涼香水／H168

レート頬紅／Φ50×H27／NA

レート頬紅／Φ49×H25／NB

レートほほ紅／Φ44×H12

レートベビータルク／Φ63×H38

レート煉口紅／27×39×10（容器）

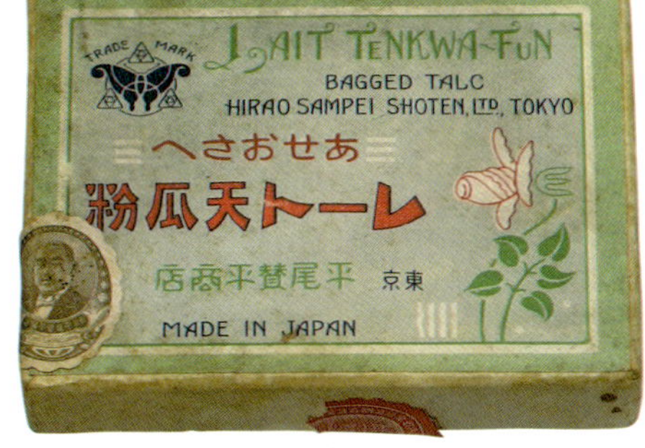

レート天瓜粉／62×83×16／NA

レートクレーム／55×55×49

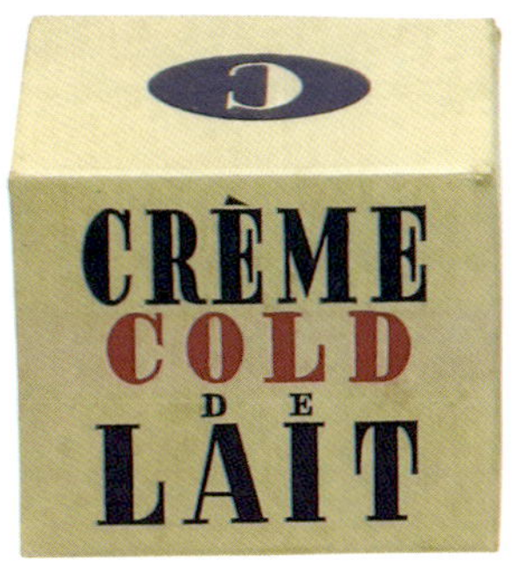

レートコールドクリーム／Φ54×H47（瓶）／NA

レートジュニアクリームのポスター／362×515

【レートジュニア】

昭和28年（1953）、10代の少女向けにレートジュニア化粧品が売り出された。人気画家である中原淳一の可憐な少女イラストをパッケージデザインに用い、大人になっても美しい若さを保つには、10代からの化粧が重要と説いている。ラインナップは、クリーム2種とコロン（化粧水）、レモン（乳液）であった。日本における子供向け化粧品の元祖とされる。

しかしながら同社は、レートジュニア発売の翌年、昭和29年（1954）に幕を閉じてしまうこととなった。

レートジュニアクリーム／H40（瓶）／NB

レートジュニアクリーム／H25（瓶）／NB

レートジュニアレモン／H56／NB

レートジュニアコロン／H56／NB

第6章

中山太陽堂

パッケージ大全

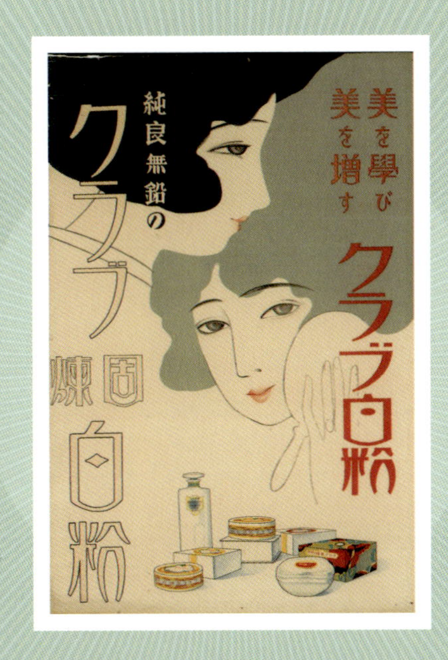

【中山太陽堂の創業】

中山太陽堂の創業者、中山太一は明治14年（1881）に山口県で生まれた。少年の頃から家業である商売の手伝い、洋食店や薬種商での経験を積んだ後、独立を果たし、明治36年4月（1903）、神戸市花隈町において洋品雑貨と化粧品の卸商「中山太陽堂」を創業した。当初の扱い商品は、石鹸、歯磨、シャツ、ズボン、鏡、ブラシなどで、いずれも舶来品であった。

太一は、社名の決定には苦心したようである。自分の名前、太一の一文字と、出身地の山陽の陽の字を合わせ、「太陽」としたという。太陽の休むことなく活動し、熱と力と光と愛を他に与え続ける姿を、自身になぞらえ、たゆまず努力をすることを、この大きな社名に誓ったのである。

後に、東洋の化粧品王、化粧品業界の巨星と呼ばれた太一に相応しい社名である。

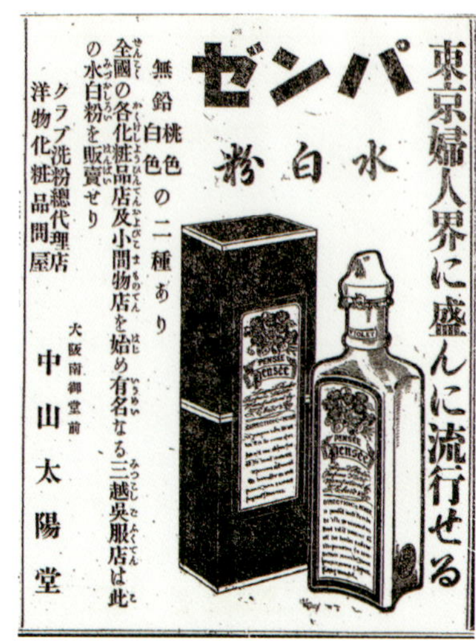

新聞広告（明治40年5月21日）／大阪朝日新聞

創業間もなく、クラブ商品登場前の明治37年（1904）に、神戸の江波戸商会製造の国産「パンゼ水白粉」を国内独占販売した。まだ輸入品が多い中、太一はこの商品を東日本での販路開拓に活かし、三越呉服店との契約に成功した。それまで、舶来品しか販売していなかった三越が認めたことにより、PR効果も大きかったようである。

創業から3年、拡販努力を続けるも、他者からの買入れ商品に十分満足していなかった太一は、新たに製造業を立ち上げる決意をする。パンゼ水白粉の品質が量産するに伴い低下してしまう有り様、舶来品においてはその利益の大半が海外へ流出するジレンマ、これらを憂慮したのである。

自社第一号製品として、明治39年（1906）に日本人に適する「クラブ洗粉」を発売した。

日本における洗粉の歴史は長いが、明治時代になって石鹸が輸入されるようになると、その洗浄力や使用感、香りなどに魅力を感じ、乗り換える人も多くなった。太一は、舶来の石鹸にも負けない品質の洗粉を作れば、慣れ親しまれた商品のため、市場性は高いと判断し、自社製品第一号に選んだのであった。洗浄力や使用感、香りで舶来石鹸に負けないだけでなく、石鹸の欠点である肌荒れを解消すれば必ず売れると予測した。それを果たすため鉱物性原料から天然動植物性原料への転換に成功した。太一の努力が実り、この商品は、大ヒットとなり、同社は大きな躍進を遂げる事となる。

クラブ洗粉もパンゼ水白粉に続き、その品質の高さが、三越呉服店に認められ、店頭で販売されることとになった。

当時、小売業で羨望の的とされた、百貨店との取引を、魅力ある商品で成功させ、舶来品の牙城を崩すことができたのである。続き、そごうや高島屋との取引も開始された。

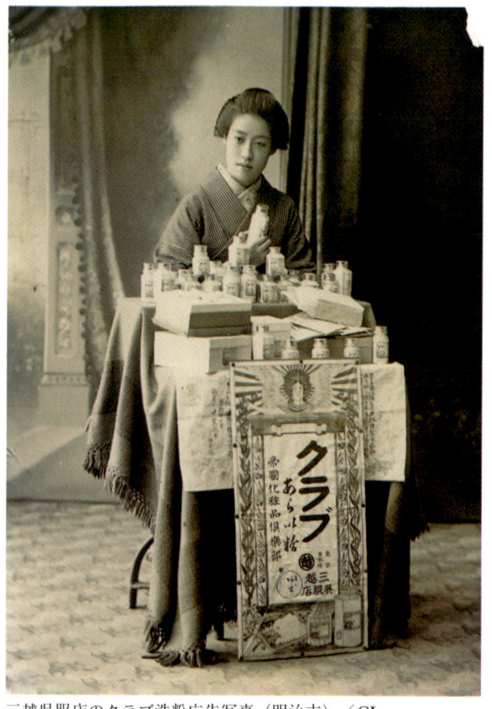

三越呉服店のクラブ洗粉広告写真（明治末）／CL

クラブ洗粉の絵葉書／CL

クラブ洗粉の発売当初の広告画。作画は杉山壽栄男。双美人が商標として登場するまでは、この単美人のイラストが広告やポスターなどに多用された。

クラブ洗粉の布製ポスター／CL

クラブ洗粉の罐／92×69×92／NB

クラブ洗粉の罐／CL

クラブ洗粉／CL

クラブ洗粉特許罐／H101

クラブ洗粉特別袋／CL

現在、日本化学会は、我が国の化学·化学技術史に関する歴史的に貴重な資料を化学遺産として認定作業を行っているが、2016年に第8回科学遺産認定項目の「近代化粧品工業の発祥を示す資料」の一つとして、左上史料「クラブ洗粉」(明治39 ～ 40年)を選定した。その時代に貢献したエポックメーキング的な製品と認められたのである。

当時の洗粉の容器は、紙の袋や美術罐だけでなく、スキットル(ウイスキーの携帯容器)風のものや、金平糖瓶を連想させるものなど、個性的なものが色々と考案され、人々を楽しませた。

時計形瓶入クラブ洗粉（明治44年～）／H87／YM

裏面には、エンボスで時計の文字盤あり

【クラブと双美人の商標】

洗粉を発売するにあたり、製品の独自性を象徴し、企業イメージを表現する商標として、「クラブ」と制定した。「クラブ」という名称は印象が良く、モダンで口にし易い。漢字で書く倶楽部という文字の、「倶」は「ともに」と解せるので、ともに楽しもうという意味でもある。また、双美人のイラストも同時期に考案され、クラブの文字と一体化した商標が明治39年（1906）に登録されている。
シンボルマークとして親しまれた花笠の双美人図案は、画家の中島春郊が侯爵前田利為夫人の渼子（なみこ）氏をモデルに描いたと言われる。頭には桜、胸元にはすみれがあしらわれている。美人を二人並べることで、親しみやすい魅力が出て、広く受け入れられたようである。図案の装飾に、当時ヨーロッパで流行していたアールヌーボーを取り入れた優雅なデザインは業界をリードするものであった。

最初の双美人商標（明治39年5月登録）／CL

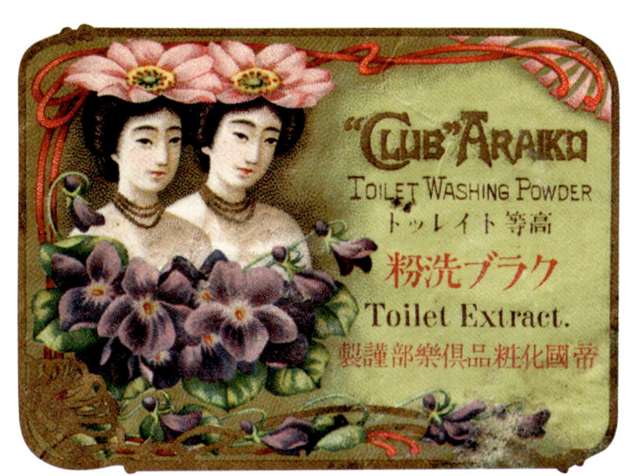

クラブ洗粉ラベル／48×64

グラヒック特別増刊「代表的日本」の広告写真／YM
明治43年（1910）イギリスにて開催された「日英博覧会」のために、有楽社より出版された日本のPR誌

松屋の洗粉売場（明治41年頃）／CL

クラブ歯磨入れ／CL

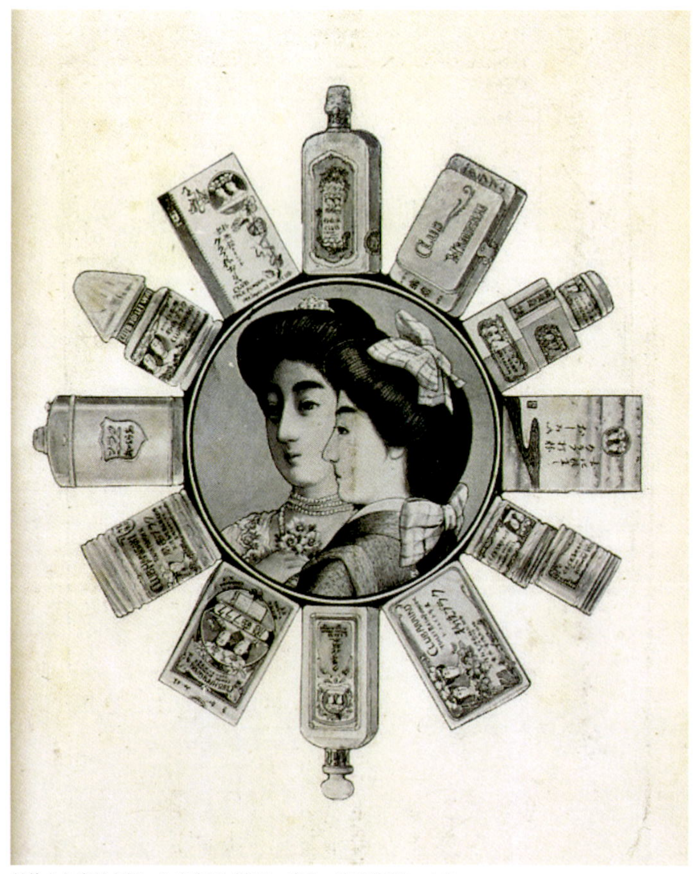

双美人と商品を描いた広告画（織田一磨作、明治後期）／CL

英国式クラブ美身クリーム／CL

クラブ美髪用ポマード／CL

【明治後期の商品帝国化粧品倶楽部謹製】

左ページのイラストは、明治から昭和にかけて活躍した版画家、織田一麿による広告画（明治後期）で、マーガレット結びの双美人と当時の商品群が描かれている。女性向け雑誌などに掲載されたものである。そこには、洗粉をはじめ、各種白粉、化粧水、クリーム、歯磨、ポマードなどが揃い、基本的な美粧品のラインナップが商品化されていたことが分かる。いづれのパッケージデザインも双美人を配したアールヌーボー調のデザインで、統一が図られている。
初期の商品は、製造元を「帝国化粧品倶楽部」謹製とし、販売は中山太陽堂として発売されていた。太一がクラブという言葉に込めた思いが伺える。

さて、この「帝国化粧品倶楽部」という表記であるが、大正中期以降は次第に使われなくなっていく。商品によりその時期は異なるようであるが、昭和に入るとほぼ見かけなくなる。

クラブ歯磨／111×72

クラブ水白粉／H112

クラブ水白粉／CL

クラブ化粧水／H132／NB

美顔術用クラブ洗面香水／CL

クラブ香油／H100／NA

クラブお爪艶出液／H80／NB

クラブお爪クリーム／Φ44×H23／NB

クラブマッセークリーム／CL

クラブマッセー溶液のラベル／CL

クラブ美身ゼリー／H88

クラブ美身ゼリー／H108／NB

クラブ美身ゼリー／H114／NB

クラブ美身クリーム各種／CL

【英国式クラブ美身クリーム】

舶来品に負けない国産化粧品を作りたいとの願いを持つ中山太一は、先端技術を得るために外国人技師を多く招聘した。明治43年(1910)、最初に迎えたのは、イギリスの化粧品技師のP・L・スミスであった。技術研究の主任として着任、以来13年に渡り在籍し、クラブ化粧品の基礎づくりに貢献した。
明治44年(1911)に発売された「英国式クラブ美身クリーム」は、氏の主導で誕生した商品で、同社発展の原動力となった。「日ヤケ止」「アレ止」を謳う、脂肪酸を主原料としたバニシングクリームで、真珠のような光沢を持つ上質のつけ心地が人々を魅了した。

このクラブ美身クリームとクラブ白粉(煉)のラベルは、商品発売当初から昭和10年代まで30年間余り、ほとんど変わらないデザインで使われ続けた。

クラブ美身クリームのラベル／CL

クラブ白粉のラベル

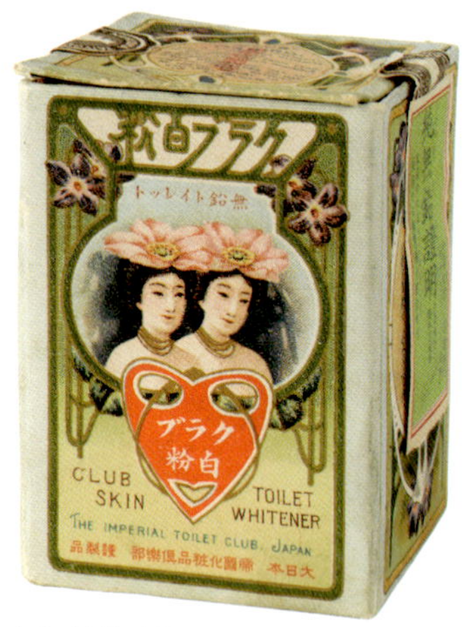

クラブ白粉／CL

クラブ白粉／H 90／YM

クラブ粉白粉／50×50×28

クラブはき白粉／Φ61×H 40

クラブタルカン／CL

クラブ固煉白粉／Φ67×H 26

クラブ紙おしろい／78×51×6

裏面には白粉商品のラインナップ紹介

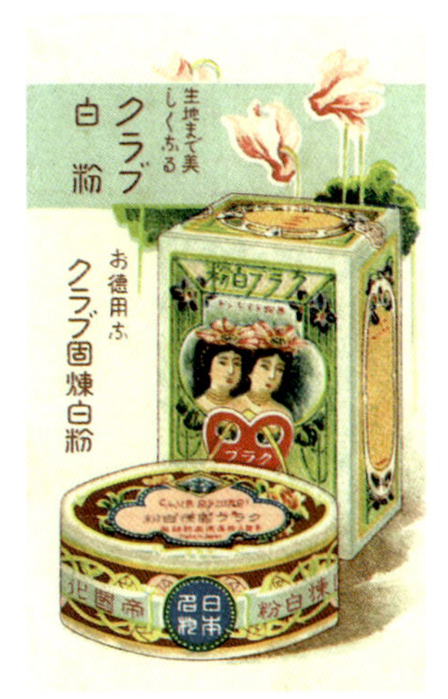

商品PRカード／CL

【クラブ白粉】

中山太陽堂が初めて白粉を発売したのは明治43年（1910）4月である。瓶入りの煉白粉であり、パッケージデザインには、優麗な双美人が施されていた。鉛白粉による中毒が社会問題となる中、無鉛で安全性が高い製品であった。それに加え、クラブ独自の美顔剤を配合し、素肌への効果も訴えた。

その後、明治44年（1911）には粉白粉と水白粉、明治45年（1912）には打粉白粉と刷白粉、大正3年（1914）には固煉白粉とタルカンが発売された。大正4年（1915）に発売された紙白粉の裏面には、それら8種類の白粉商品のラインナップが、「無上の栄光を拝せる」商品として紹介されている。

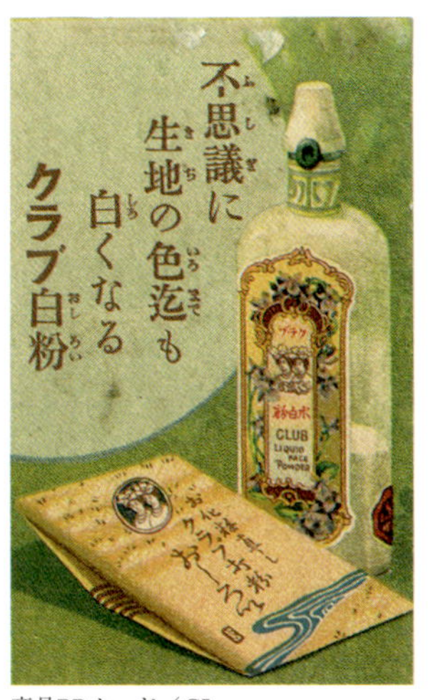

商品PRカード／CL

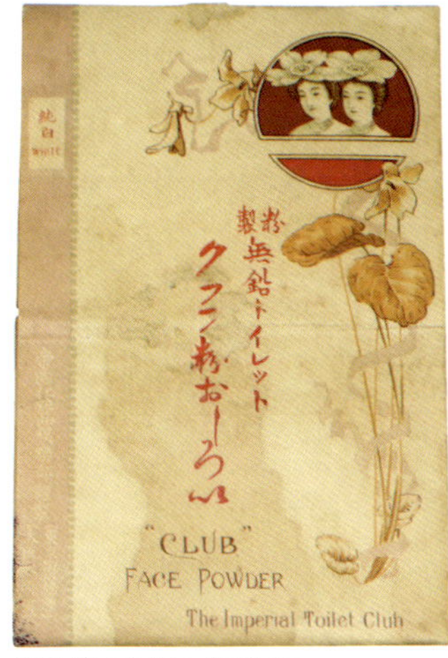

クラブ粉おしろい／148×96

クラブ粉おしろい（三越呉服店特売品）／CL

クラブ打粉おしろい／CL

【献上用化粧品セット】

大正12年（1923）、良子女王（のちに昭和天皇在位時の皇后）に、特注容器セットが献上された。献上容器に描かれている花柄模様は、なでしこ、すみれ、すずらんの三種類があった。なでしこは皇室への献上品、すみれは銀行の頭取クラス、すずらんは一般向けとして、送り先が分けられていたようである。白い生地に鮮やかな色の花の絵付け、繊細な猫脚デザインは当時の工芸技術を駆使したものである。

上面

上面

クラブ粉白粉（献上用容器、なでしこ柄）／Φ97×H60

クラブ美身クリーム（献上用容器、すずらん柄）／CL

クラブ献上用化粧品セット（すみれ柄）／CL

クラブ白粉の大箱／157×107×77／NB

クラブ白粉の大箱／167×113×78

クラブ歯磨のポスター（北野恒富）／CL

クラブ粉白粉の大箱／155×108×74

【北野恒富による美人画ポスター】

関西で活躍した日本画家、北野恒富（1880～1947）によって、大正2年（1913）に描かれたクラブ歯磨宣伝用ポスター。
当時流行していた元禄調の髪型で片身替の着物に身を包んだ麗しい女性のまなざしが印象的で、人気を博した。印刷技術を駆使し、19回の刷りを重ねたという。
恒富は美人画を多く残しており、ビール、日本酒、百貨店などのポスターに広く使われた。

【3つの販売チャンネル】

明治末期から化粧品の需要が増し、それに見合う生産の機械化が進むと大量の商品がつくられる様になった。反面、それらの商品を売りさばく必要から、あらゆるルートの卸商から小売店に商品が流れ出す事になり、それによる値崩れ、乱売が大きな問題となっていた。

その対策として、中山太陽堂は独自の販売ルート作りを進めた。そのとっかかりは、大正13年（1924）に打ち出した「堂ビル専売化粧品」であり、のちに一つの県に置かれた一つの代理店をだけで販売できる「堂級化粧品」となる。一方、大正14年（1925）には「共栄クラブ会」が発足、その会で販売できる商品を「クラブ特定品」とした。また、大正15年（1926）から実施された「陽級販売制度」でも取引の条件や利益などが明確化された。このように、中山太陽堂は、「陽級」「堂級」「特定品」の三本柱のルートを確立した。商品デザインは各ルート毎に変えられたので、非常に多彩な商品群が存在したことになる。「クラブコスメチックス80年史」によると、大正末期の販売品目は、実に40品目、200品種を超えたとされる。

クラブ堂級化粧品のポスター／CL

クラブ特定化粧品のポスター／CL

クラブ包装意匠研究室の様子／CL

大正中期から昭和初めころのクラブ包装意匠研究室の写真である。歴代のクラブ商品のパッケージが所狭しと、棚に陳列されている。それらを参考にしながら新しい商品の意匠考案に取り組む社員デザイナーの姿が精悍である。

クラブ化粧品（昭和7年）／CL

クラブ化粧品（昭和7年）／CL

クラブ堂級化粧品一式（昭和14年）／CL

クラブ陽級化粧品一式（昭和14年）／CL

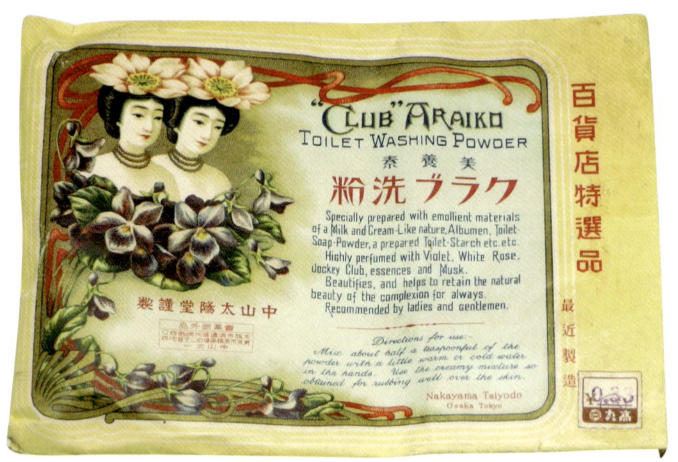

クラブ洗粉／145×197

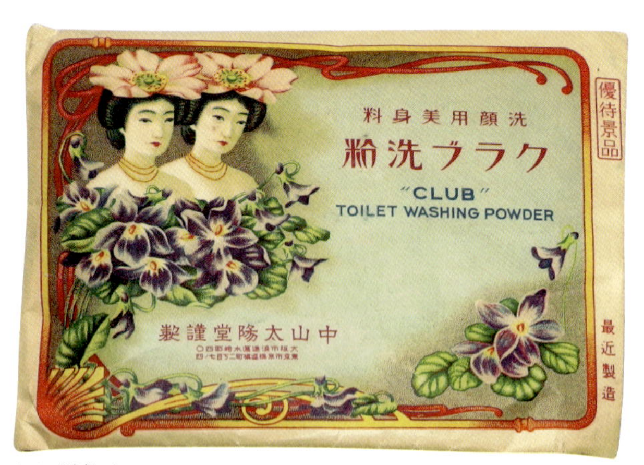

クラブ洗粉／88×122

クラブ洗粉（輸出用）／CL

クラブ洗粉／Φ92×H110

クラブあらひ粉／H121／JK

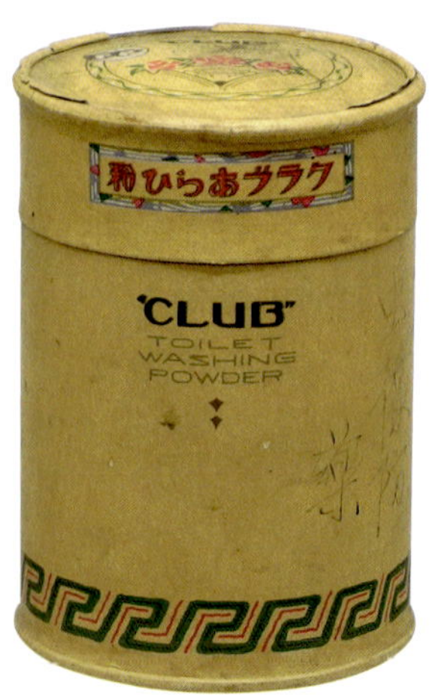

クラブあらひ粉／Φ85×H118

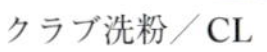
クラブ洗粉／CL

クラブ洗粉／CL

クラブカテイ洗粉／47×66×20

クラブカテイ洗粉／77×154×40／NA

クラブカテイ洗粉／80×157×43

クラブカテイ洗粉／90×68

クラブ洗粉／CL

クラブ白粉／H67（瓶）

クラブ白粉／CL

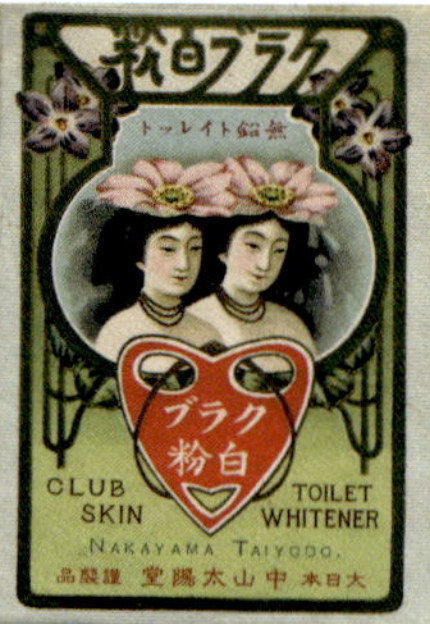

クラブ煉白粉／CL

クラブ白粉の絵葉書／143×90

クラブ固煉白粉／H45（瓶）／NB

クラブ白粉／H74／NB

クラブ白粉／CL

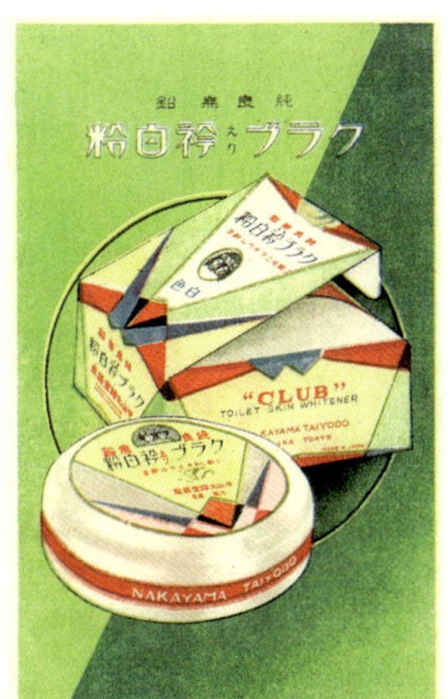

商品PRカード各種／CL　商品パッケージに添付されていたPRカード

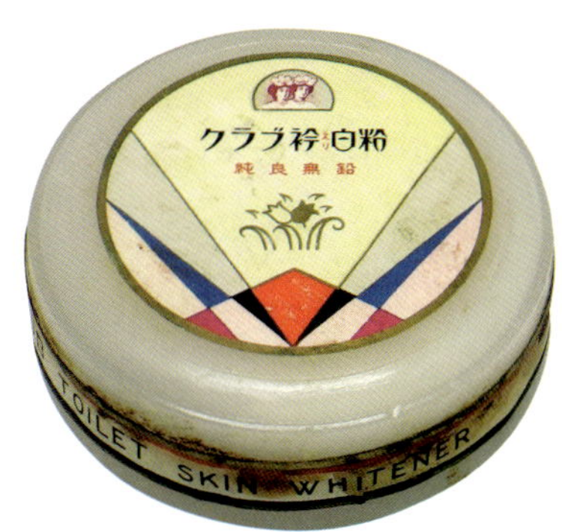

クラブ衿白粉／Φ68×H28

クラブコケイ白粉／CL

クラブコケイ白粉／Φ66×H17

クラブ白粉のポスター／CL

クラブ煉白粉／CL

クラブ固煉白粉／CL

クラブ固煉白粉／CL

クラブ煉白粉／CL

クラブはき白粉／Φ71×H27

クラブはき白粉／Φ68×H23

クラブ粉白粉／Φ72×H25

クラブ粉白粉／Φ73×H42

クラブ粉白粉／Φ73×H25

クラブ粉白粉／Φ72／JK

クラブはき白粉（試供品）／Φ42×H13

クラブはき白粉／Φ71×H27

クラブはき白粉／Φ74×H35

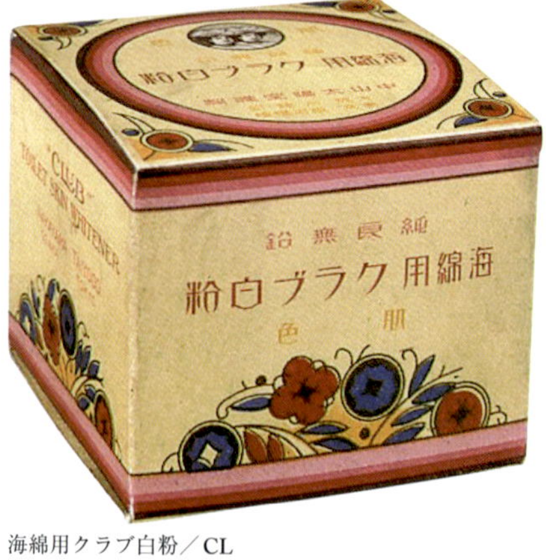

海綿用クラブ白粉／CL

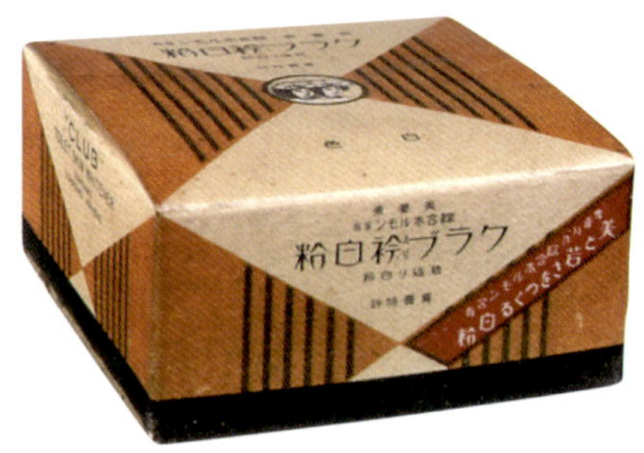

クラブ衿白粉／CL

クラブはき白粉／Φ70×H38

クラブ衿白粉／CL

クラブクリーム白粉／CL

クラブコケイ白粉／CL

クラブ粉白粉／65×65×20

ニュークラブ粉白粉（堂級）／Φ85×H29／NA

ゴールデンクラブ粉白粉（太級）／CL

【東郷青児デザインの粉白粉】

戦中に混乱した販売ルートを立て直すべく、昭和27年(1952)に三大系統、「太級、陽級、堂級」による販売組織が提唱された。それを機に、東郷青児デザインによる3種の粉白粉が発売された。
東郷青児は大正から昭和にかけて活躍した洋画家で幻想的な女性を多く描いた。大正期に一時的に同社の社員となり、その後も顧問として。雑誌や新聞の広告、パッケージなどのデザインを手掛けている。

クラブ粉白粉（陽級）／Φ74×H31

クラブ粉白粉／CL

クラブはき白粉／Φ71×H37

クラブ粉白粉（試供品）／Φ44×14

クラブ粉白粉／Φ81×H32／NB

クラブ紙白粉／76×50×6

クラブ紙白粉／76×50×6

クラブ紙白粉／77×52×6

クラブビシン／H87（瓶）

クラブビシン／H80（瓶）

クラブビシン／H84（瓶）

クラブビシン／CL

クラブ白粉錠／CL

クラブ白粉錠／CL

クラブ白粉錠／Φ51×H13

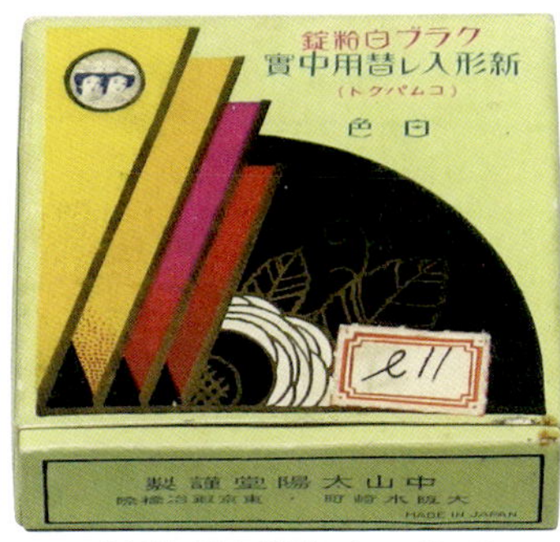

クラブ白粉錠（入れ替用）／54×55×16

クラブ白粉錠（入れ替用）／62×62×10

クラブ白粉錠／59×59×16／NA

クラブ白粉錠／62×62×26／NB

クラブ白粉錠／Φ51×H10

【鉄道式図解による広告】

中山太陽堂は早くから広告部を置き、その中に著名な画家や作家もスタッフとして加わり、優れた広告を世に出した。読物広告である「いそっぷクラブ」や「クラブ読本」、化粧手順を鉄道地図になぞらえて説明した「鉄道式図解」などである。このように、単なる商品説明だけに終わらず、踏み込んだ解説スタイルは「クラブ式」広告と呼ばれた。

クラブ白粉錠（大正中期）の上蓋の裏面にも鉄道式の図解がある。列車の駅を双六仕立てにし、その順序にクラブ化粧品を使って化粧すれば、美人に仕上がるというものである。

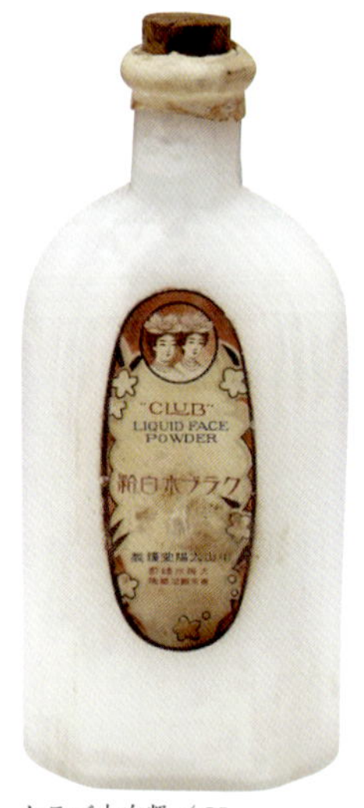

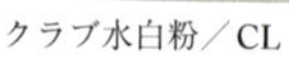

クラブ水白粉／CL

クラブ水白粉／H123／NA

クラブ水白粉／H116／NA

クラブ水白粉／H117／NA

クラブ水白粉／CL

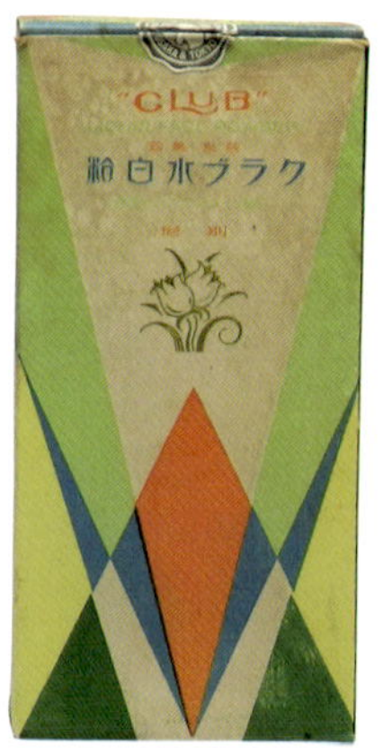

クラブ水白粉／H118／JK

クラブ水白粉／H120

クラブ水白粉／CL

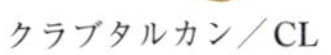
クラブタルカン／CL

クラブタルカン／CL

クラブ天瓜粉／83×62×15

クラブカテイベビーパウダー／Φ83×H53

クラブカテイベビーパウダー／Φ84×H57

クラブ薬用天瓜粉／Φ83×H40／YM

クラブあぶらとり紙／CL

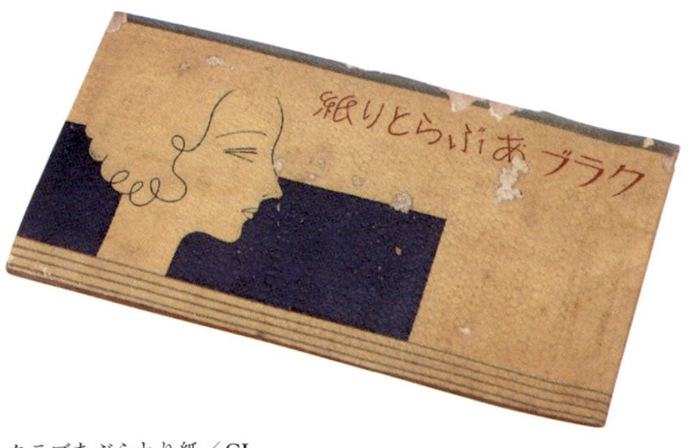

クラブあぶらとり紙／CL

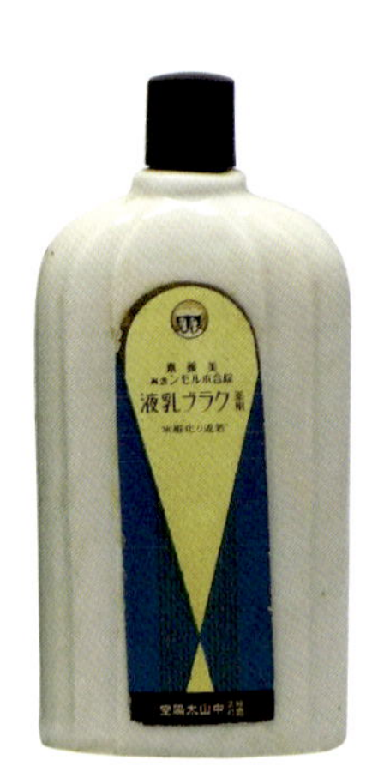

薬用クラブ乳液／H118（瓶）

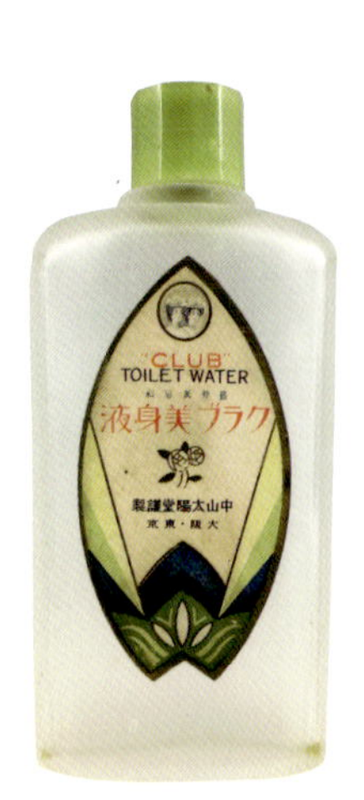

クラブ美身液／CL

クラブ乳液／CL

クラブ乳液／H120／YM

クラブ乳液／H113

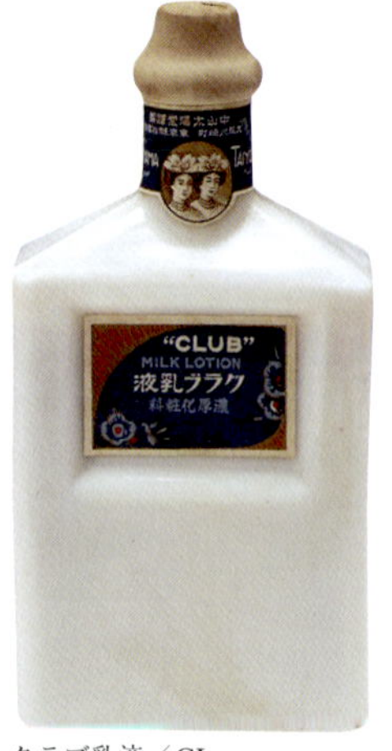

クラブ乳液／CL

クラブ乳液／H116

クラブ乳液／H122／NB

クラブ化粧水のラベル

クラブ化粧水／CL

クラブワイス／CL

クラブビューティフード（輸出用）／CL

【輸出用製品】

中山太陽堂は早くから海外進出にも取り組み、明治末に中国などへの輸出を始めた。昭和に入ってからは、満州事変などの苦難を乗り越え、昭和十年代半ばに中国各地（瀋陽や上海など）に現地工場の設立も果たしている。雙美人（双美人）ブランドは中国でも使われ、評判となった。

カテイフード／H116

カテイフード／H110／NA

【カテイフード】

カテイフードは昭和3年（1928）より発売された。フードというのは若干の油分を含んだ乳液状の白粉で、簡単に使える上に化粧崩れしにくいので、粉白粉に代わって大変人気が出た。
その裏では、平尾贊平商店から発売されていた「レートフード」との間に商標問題が発生し、大審院まで進む訴訟事件となった。

クラブ美身クリーム／H38

クラブ美身クリーム／H44

クラブ美身クリーム／H48

クラブ布製ポスター／CL

クラブ美身クリーム／H45／YM

クラブ美身クリーム／H60／YM

クラブ美身クリーム各種／CL

クラブコールドクリーム／CL

クラブ美身クリーム／CL

クラブコールドクリーム／CL

クラブヴァニシングクリーム／CL

クラブ美身クリームのポスター／CL

クラブ美身クリーム／CL

クラブ美身クリーム／CL

クラブ淡白クリーム／CL

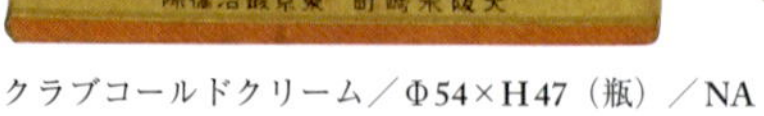

クラブコールドクリーム／Φ54×H47（瓶）／NA

クラブ美身クリームのポスター／CL

クラブゴールデンクリーム／CL

クラブゴールデンクリーム／Φ104×H40／YM

【綜合ホルモン】

昭和の初め、天然ホルモンの美容効果に注目した中山太陽堂は、イギリスなどでの研究成果を足がかりに研究を重ね、化粧品への効果的配合に成功した。その成果として、昭和10年（1935）より、次々とホルモン配合商品を発売した。
特に昭和10年（1935）に発売した「薬用クラブ美身クリーム」は、大ヒット商品となり、これ以降ホルモン配合品ならクラブといった印象が社会に広がった。

クラブ美身クリームの大箱／CL

薬用クラブ美身クリーム／CL

クラブ美身クリームの大箱／155×208×50

薬用クラブ美身クリーム（綜合ホルモン含有）／H47（瓶）

クラブ美身クリーム／H53

クラブほ、紅のポスター／CL

クラブほ、紅／Φ40×H11

クラブほ、紅／Φ43×H17

クラブほ、紅／Φ46×H13

クラブほ、紅／CL

クラブほ、紅／ Φ46×H12

クラブほ、紅／Φ44×H16

クラブほ、紅／Φ42×H25

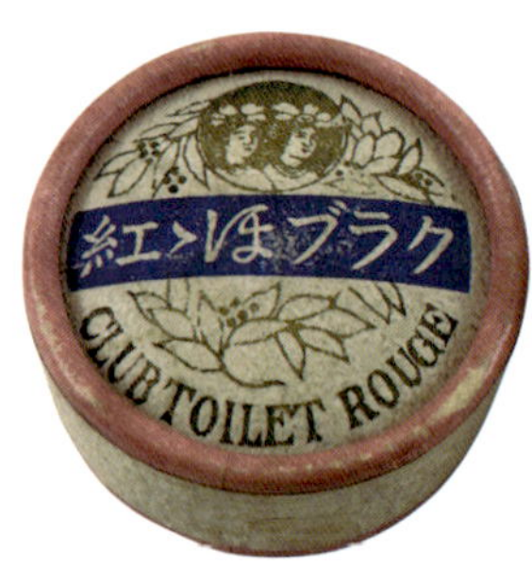

クラブほ、紅／CL

クラブほ、紅／Φ40×H10

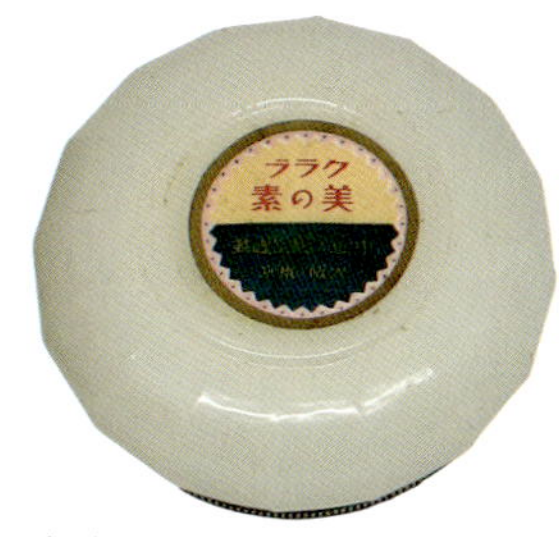

裏面

クラブ美の素／H22（瓶）

クラブ美の素／Φ39×H10

クラブほゝ紅／ＣＬ

クラブ美の素／Φ39×H11

クラブ口紅クリーム／ＣＬ

クラブマスカラ／50×32×9／NA

クラブ紙まゆずみ／80×48×9／NA

クラブ紙まゆずみ／80×46×3

クラブ植物ポマード／H68／NB

クラブポマード／H58／NB

クラブ香油／H94／YM

クラブポマード／H79／YM

クラブベーラム／CL

クラブキニーネ／CL

クラブオーデコロン／CL

クラブ洋髪香油／H105／NA

クラブチック／CL

クラブチック／CL

クラブキニーネ／CL

クラブキニーネ／CL

クラブキニーネのポスター／CL

クラブキャラ香水／H60／NA

クラブルブラン香水／H59

クラブルブラン香水／H53

クラブキャラ香水／H53／NB

クラブ歯磨／CL

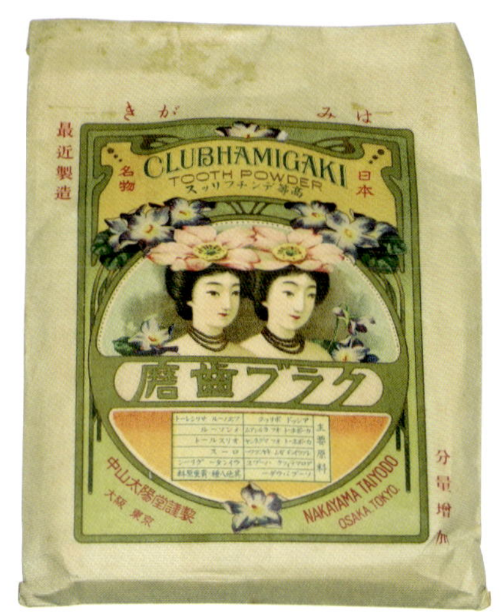

クラブ歯磨／65×123

クラブ水歯磨のラベル／CL

クラブ煉歯磨の箱／113×185×29

【クラブ歯磨と大楠公】

昭和6年（1931）に「大楠公」意匠をまとった煉歯磨と粉歯磨が発売された。
モダンデザインを標榜する中山太陽堂であったが、時勢に順応するように、忠臣の鑑である楠正成の像をデザインに採用した。購買層を女性だけでなく、全国の小学校や陸海軍などに広げるためにも、適したデザインが必要であったのであろう。

クラブ煉歯磨の箱／140×220×60

クラブ煉歯磨／L75

クラブ煉歯磨のポスター／CL

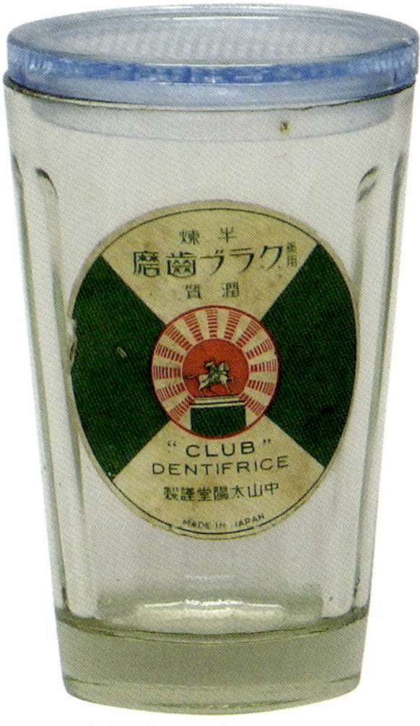

クラブ歯磨／H88／YM

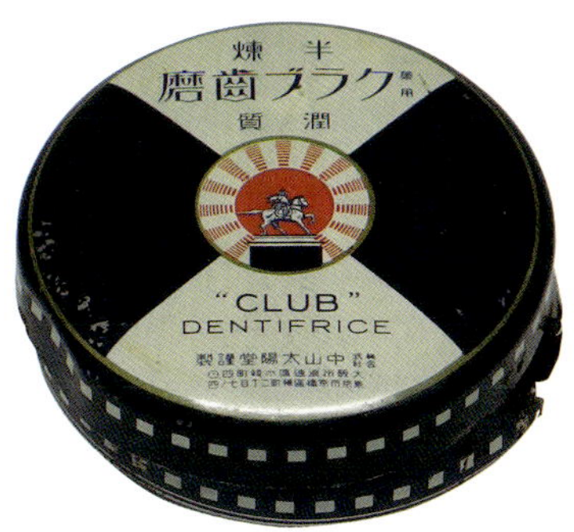

クラブ歯磨／Φ69×20

クラブ歯磨／Φ80×30

クラブ歯磨／40×65×14

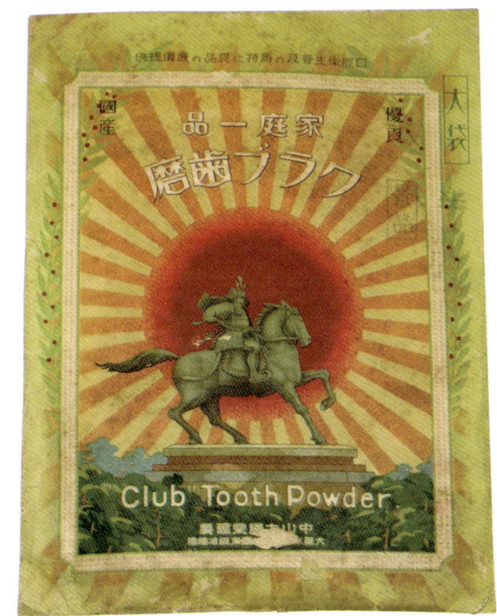

クラブ歯磨／168×127

クラブコドモハミガキ／CL

クラブ美の素石鹸／260×115×43

クラブ特撰型石鹸／122×261×30

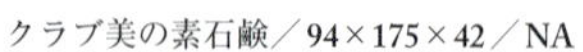

クラブ美の素石鹸／94×175×42／NA

カテイ石鹸の絵葉書／140×90

クラブ美の素石鹸／CL

クラブ美の素石鹸／CL

カテイ石鹸／CL

クラブ石鹸／CL

クラブ石鹸／CL

クラブ石鹸／CL

カテイ石鹸／CL

カテイ石鹸／CL

カテイ石鹸／CL

【カテイ石鹸の発売】

中山太陽堂が石鹸を発売したのは、大正9年（1920）である。欧州より招聘した技師たちの技術を活かして開発した、肌荒れのない高品質の商品の、満を持しての発売であった。ただし、商品名はクラブ石鹸ではなく、「カテイ石鹸」であった。というのも、石鹸分野での「クラブ」の商標登録が、先に山田石鹸製造所によってなされていたためである。そのため、カテイ石鹸が中山太陽堂商品であることを消費者に分かってもらうべく、クラブ歯磨などをオマケにつけるなどの販促キャンペーンがなされた。ともあれ、18世紀のフランスの女流画家エリザベート・ルブランの《ルブラン夫人とその娘》を商品イメージに使用したカテイ石鹸は広く受け入れられた。カテイという名称には、家族皆で使える商品という思いも込められていた。その甲斐があり、カテイブランドは、同社の洗粉やパウダー、フード化粧品にも展開されるほど人気となった。

大正10年（1921）に山田石鹸製造所より、クラブ商標を買い取り、大正12年（1923）には晴れて「クラブ石鹸」も売り出された。

クラブ石鹸／山田石鹸製造所／130×227×93

クラブ化粧品進物函／CL

クラブ化粧品進物函／229×172×52／NB

クラブ化粧品進物函／150×119×34

クラブ化粧品進物函／150×119×34

クラブ化粧品進物函／CL

【進物函と横顔美人デザイン】

進物函は、使いやすいように化粧品を一揃えにして、きれいな箱に詰合せたもので、盆や正月の贈答用、お土産、お祝い用などに使われた。素敵な箱に詰め合わされた、クラブ化粧品をプレゼントされるというのは、当時の女性達にとって、嬉しい出来事だったに違いない。
若い女性向けと思われる進物函には、横顔美人のイラストが描かれている。すべて、向かって左を向いた顔である。クラブに限らず当時の横顔イラストは左向きのものが多い。画家が右利きであれば、左向きの方が描きやすかったのかもしれない。

クラブビシン石鹸セット／186×294×42／YM

クラブビシンソープセット／CL

主な参考文献

文献名	著者または編者	発行所	発行年
全般			
日本商標大事典	商標研究会	商標研究会	1959年
明治・大正・昭和の化粧文化	ポーラ文化研究所	ポーラ文化研究所	2016年
浪漫図案	佐野宏明	光村推古書院	2010年
大手化粧品メーカーの経営史的研究	井田泰人	晃洋書房	2012年
第1章　石鹸			
花王石鹸五十年史	小林良正、服部之總	花王石鹸五十年史編纂委員会	1940年
花王石鹸八十年史	花王石鹸資料室	花王石鹸	1971年
油脂工業史		日本油脂工業会	1972年
ライオン油脂60年史	ライオン油脂社史編纂委員会	ライオン油脂	1979年
ミヨシ油脂株式会社社史	幸書房	ミヨシ油脂	1966年
日本人物情報体系第32巻　企業家編2	芳賀登、杉本つとむ　他	皓星社	2000年
横浜開港時代の人々	紀田順一郎	神奈川新聞社	2009年
国立科学博物館技術の系統化調査報告　第9集	国立科学博物館産業技術史資料情報センター	国立科学博物館	2007年
硝子瓶の残像	杉並区立郷土博物館分館	杉並区立郷土博物館	2009年
第2章　歯磨			
ライオン歯磨八十年史	ライオン歯磨社史編纂委員会	ライオン歯磨株式会社	1973年
歯みがき100年物語	ライオン歯科衛生研究所	ダイヤモンド社	2017年
日本歯磨工業会史	日本歯磨工業会史編纂委員会	日本歯磨工業会	1991年
歯学史史料　一目で見る歯学史一	鈴木勝監修、谷津三雄著	医歯薬出版株式会社	1976年
第3章　化粧品			
大阪商業大学商業史博物館紀要　創刊号	大阪商業大学商業史博物館	大阪商業大学商業史博物館	2001年
化粧品工業120年の歩み	日本化粧品工業連合会	日本化粧品工業連合会	1995年
化粧品のブランド史	水尾順一	中公新書	1998年
化粧ものがたり	高橋雅夫	雄山閣出版	1997年
モダン化粧史	津田代代、村田孝子	ポーラ文化研究所	1986年
近代の女性美	村田孝子	ポーラ文化研究所	2003年
資生堂宣伝史Ⅰ　歴史	資生堂宣伝史編集室	資生堂	1979年
美と知のミーム、資生堂		資生堂	1998年
Beauty　Science　第1号	ビューティサイエンス学会	源流社	2003年
ワスレコモノ	アダチヨシオ	丸善書店	2012年
柳屋本店400年史	出版文化社	柳屋本店	2015年
大正のカルチャービジネス	及川益夫	皓星社	2008年
パルタック八十年史	パルタック		1978年
井田両国堂四十年史	井田日出男	井田両国堂	1960年
マンダム50年史	マンダム	マンダム	1978年
丸善社史	司忠	丸善	1951年
大正人名辞典Ⅱ下巻		日本図書センター	1985年
近代香粧品なぞらえ博覧会　パンフレット	伊勢半本店　紅ミュージアム	伊勢半本店　紅ミュージアム	2017年
第4章　桃谷順天館			
桃谷政次郎翁伝	桃谷順天館	桃谷順天館	1936年
株式会社桃谷順天館創業百年記念史	桃谷順天館創業百周年記念事業委員会	桃谷順天館	1985年
桃谷順天館創業130周年ブランドムック		日本商業新聞社	2015年
第5章　平尾賛平商店			
平尾賛平商店五十年史	平尾賛平商店	平尾賛平商店	1929年
第6章　中山太陽堂			
クラブコスメチックス80年史	クラブコスメチックス	クラブコスメチックス	1983年
モダニズムを生きる女性	明尾圭造（芦屋市立美術博物館）	芦屋市立美術博物館	2002年
百花繚乱　クラブコスメチックス百年史	クラブコスメチックス	クラブコスメチックス	2003年

おわりに

筆者は、2010年に「浪漫図案」を上梓させていただいた。内容は、化粧品はもとより、生糸、マッチ、薬、食べ物、飲料、日用品など、広範囲の消費財を対象に、商業デザインを紹介したビジュアル本である。おかげさまで出版以来、各方面から好評をいただき、コレクション本、歴史資料、デザインの参考、年配の方への懐かし本として活用いただいている。また個人的にも本を仲介して、コレクター仲間、博物館、企業などとのコミュニケーションの輪も広がった。

今回の「モダン図案」はその姉妹本と言えるもので、商品分野を絞り、デザイン的に華やかな化粧品、トイレタリーの分野を深掘りした内容である。紙面を埋めるためには、自分のコレクションだけでは、到底不十分なため、多くのコレクター仲間の協力を得た。加えて株式会社桃谷順天館、株式会社クラブコスメチックスにも、全面的な協力をいただき、写真の提供、史料の調査、原稿内容の確認などを賜った。おかげで、化粧品類の近代化の流れ、デザインの変遷をつぶさに感じられる紙面が完成した。

掲載写真については、「浪漫図案」との重複はなるべく避けた。但しどうしても伝えたいエポックメイキング的な商品に関しては、その限りでは無い。また、第４章から第６章までの老舗メーカーのパッケージ大全の章は、できるだけ多くの商品を紹介したいという思いから、現在入手できる写真をほぼ全て網羅した。

そのような過程を経て、可能な限り豊富な資料を集結させ、歴史、デザイン、広告の各分野の参考となる資料集に仕上げたつもりである。
さて、ここから見えてくるものは何か？。先人たちの努力による、心躍るデザインの世界がかつて存在したのだという事。そして、それが日常に溶け込んでいて、人々の感性に大きな影響を与えていたという事であろうか。
物の豊かさが進んだものの閉塞感が蔓延している現代、いまこそ、人間が中心だった時代の活力や時代の気分を、一度浴びてみる必要があるまいか。

「図案（古くは、圖按）」という用語は、明治６年（1873）のウィーン万国博覧会に合わせ考案された造語だという。「デザイン」という言葉が登場するまでは一般的に使われていた。明治から昭和にかけての近代、世の中はいろいろな図案に満ち溢れていた。まだまだ伝えたい図案は多い。

最後に、前作同様に出版に関して大変お世話になった光村推古書院の合田有作氏に感謝したい。

プロフィール

佐野宏明（さのひろあき）

1960年　丹波篠山市生まれ

1983年　姫路工業大学卒業後、電機メーカ勤務

1990年　この頃より商業美術に興味を持ち、
広告資料、ラベル、パッケージなど蒐集

2010年　『浪漫図案』出版

2014年　大阪くらしの今昔館にて企画展開催

2019年　『モダン図案』出版

2021年　『開化図案』出版

モダン図案

明治・大正・昭和のコスメチックデザイン

令和元年7月26日　初版1刷　発行
令和5年11月26日　　2刷　発行

編　佐野宏明

発行者　山下和樹
発行所　カルチュア・コンビニエンス・クラブ株式会社
光村推古書院 書籍編集部
発　売　光村推古書院株式会社
〒604-8006
京都市中京区河原町通三条上ル下丸屋町407-2
ルート河原町ビル5F
PHONE 075（251）2888　FAX 075（251）2881
http://www.mitsumura-suiko.co.jp

印　刷　株式会社シナノ パブリッシングプレス

ISBN978-4-8381-0587-8